英国宝石协会与宝石检测实验室

钻石分级手册

陈钟惠　译

中国地质大学出版社

图书在版编目(CIP)数据

钻石分级手册/陈钟惠编译.—2版.—武汉:中国地质大学出版社,
2001.4(2015.7重印)
ISBN 978-7-5625-0876-2

Ⅰ.钻…
Ⅱ.陈…
Ⅲ.金钢石-分级-手册
Ⅳ.TS934.3-62

中国版本图书馆CIP数据核字(2007)第013872号

责任编辑:余　楠　　　　责任校对:杨　霖

出版发行:中国地质大学出版社(武汉市洪山区鲁磨路31号)　　邮编:430074
电话:(027)87483101　　传真:87481537　　**E-mail**:cbo@cug.edu.cn
经　　销:全国新华书店

开本:880毫米×1230毫米　1/32　　字数:120千字　　印张:3.75
版次:2001年4月第2版　　印次:2015年7月第11次印刷
印刷:武汉市教文印刷厂　　印数:6101—6600册

ISBN 978-7-5625-0876-2　　本册定价:25.00元

目　录

导　　言

从商业角度看，钻石在所有宝石中是最重要的。据估计，钻石销售额约占了全球宝石销售额的百分之九十。

任一成品钻石的质量都是根据被称为 4C 的 4 个要素来评价的。

本手册将讨论这 4 个要素并说明其评价方法。手册中还介绍了钻石原石及其描述方法以及钻石仿制品和合成钻石的鉴别方法。

● 4C

颜色	颜色的等级（色级），即颜色的饱和度，这或是指相对“白度”，或是指彩色的珍稀和受喜爱程度
净度	洁净程度，即包裹体的相对稀少程度
切工	切磨的式样和质量
克拉重	钻石的重量

4C 既可用于评价原石，也可用于评价成品钻石。

当用于原石时，切工由晶体形状取代。

现代圆形明亮琢型钻石的各种刻面

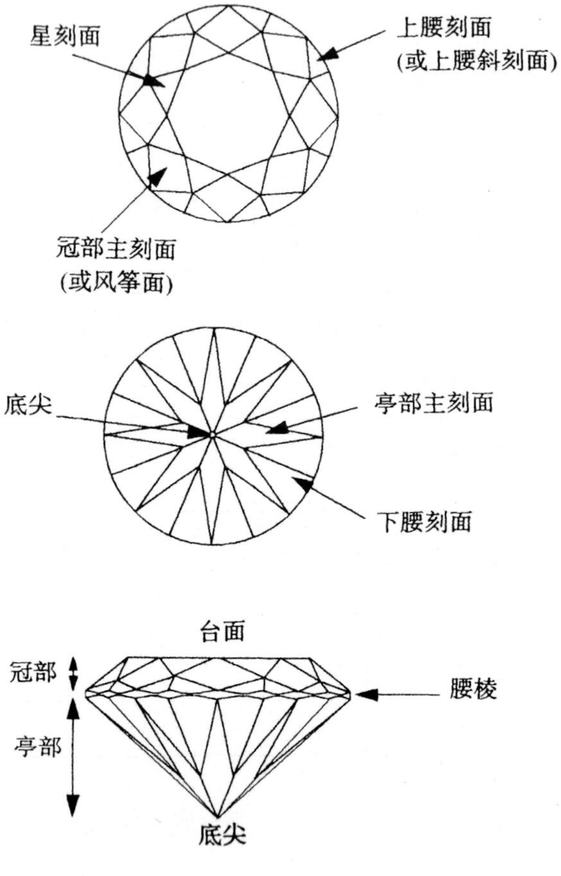

洋槐树的种子
(版权所有)戴比尔斯

第一章 克拉重

克拉（carat）一词来源于地中海沿岸所产一种洋槐树（*Ceratonia siliqua*）的名称。这种树的干种子具有非常稳定的大致为 1/5 克（g）的重量，因而曾被商人用作宝石的重量单位。

裸钻的重量以克拉为度量单位。

克拉用“ct”表示: 1 ct = 0.2 g

5 ct = 1.0 g

为度量居间的重量，1 克拉被划分为 100 个分（point，简写为 pt）:

1.00 ct = 100 pt

0.50 ct = 50 pt

0.01 ct = 1 pt

筛子可用来将大量非常小的钻石筛分成重量相近的若干个组。

重量大致在 0.20 ct 以下的小钻称为“melee（小钻）”，它们通常不是单颗而是成包地销售。

● 克拉重对价格的影响

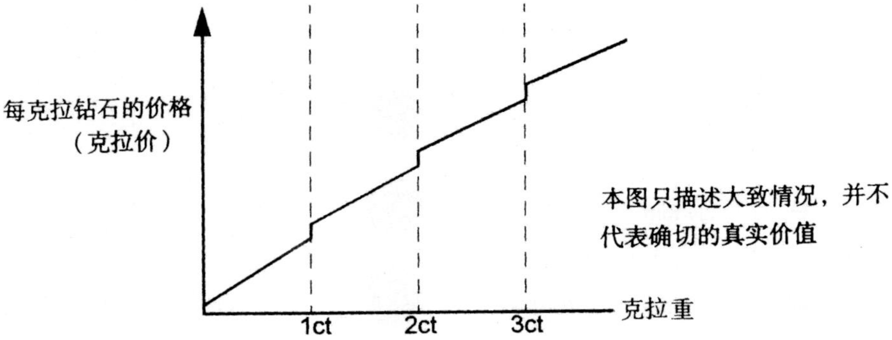

通常提供的是钻石每克拉的价格。在所有其他要素，即颜色、净度和切工都相同的情况下，克拉重越大，价格越高。然而，正如上图所示，存在某些能导致价格跃升的“受欢迎的”克拉重，如 1.00 ct、2.00 ct、3.00 ct 等。重 0.95 ct 的钻石的每克拉价低于同等质量（颜色、净度和切工）但重 1.01 ct 的钻石。同样原则也适用于四分之一克拉和半克拉的重量，但这些重量对价格的影响要小一些，所以在上图中未予表示。

● 已镶钻石的重量估计

大多数圆形明亮琢型钻石是按标准比例切磨的（参见第四章(切工)中“钻石的理想比例”）。譬如，大多数 1.00 ct 圆形明亮琢型钻石的腰棱直径为 6.4 mm 左右，而高度为 4 mm 左右。对于圆形明亮琢型钻石，腰棱尺寸与重量呈正比关系，故通过度量腰棱的尺寸可估计钻石的重量。

推算圆形明亮琢型钻石的重量

直径	大致重量	直径	大致重量
1.4 mm	0.01 ct	7.4 mm	1.50 ct
2.4 mm	0.05 ct	8.1 mm	2.00 ct
3.0 mm	0.10 ct	8.7 mm	2.50 ct
4.0 mm	0.25 ct	9.2 mm	3.00 ct
5.1 mm	0.50 ct	9.8 mm	3.50 ct
5.8 mm	0.75 ct	10.2 mm	4.00 ct
6.4 mm	1.00 ct		

度量腰棱可使用孔型量规、对照量规、筛子或摩氏量规。

- **孔型量规**

孔型量规是用塑料或金属做成的薄板，其上有与圆形明亮琢型钻石的标准直径相对应的孔。因为这种量规只是针对按理想比例切磨的钻石的，故其精确度非常有限。

● **对照量规**

对照量规由一组镶嵌的圆形明亮琢型的仿钻组成，每一颗都是根据不同重量钻石所对应的大小加工的。这种量规的主要用途不是估计已镶钻石的重量，而是让顾客对不同重量钻石的大小有个印象。

● **测径规**

测径规能度量钻石的尺寸，用于估计较大的已镶钻石的重量。根据度量的结果可计算出钻石的重量。摩氏（Moe）量规就是一种测径规，从它的标尺上可得出钻石尺寸的任选单位的读数，再参照所提供的换算表得到钻石的克拉重。

● **度盘或数显量规**

Stoppani、Leveridge 和 Presidium 均生产出了更为精确的量规。它们是由一对钳牙组成，一个是固定的，另一个是弹簧承载的。这种设计使量规能够度量大多数镶嵌类型的钻石的尺寸。读数从度盘或数显屏上读出。

根据测得的钻石腰棱直径和钻石高度并利用仪器所附手册中的公式表，可计算出钻石的克拉重。

注意：钻石的重量受其切磨比例的影响，所以在使用公式时应小心；这些计算结果只能提供钻石重量的近似值而不能用于精确评价。

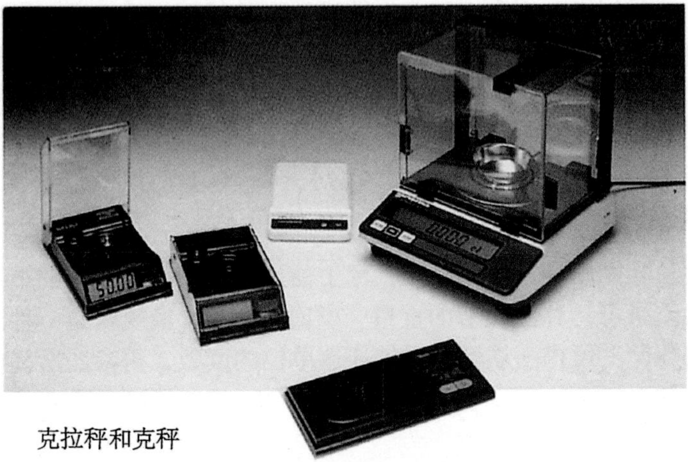

克拉秤和克秤
（版权所有）英国，宝石仪器公司

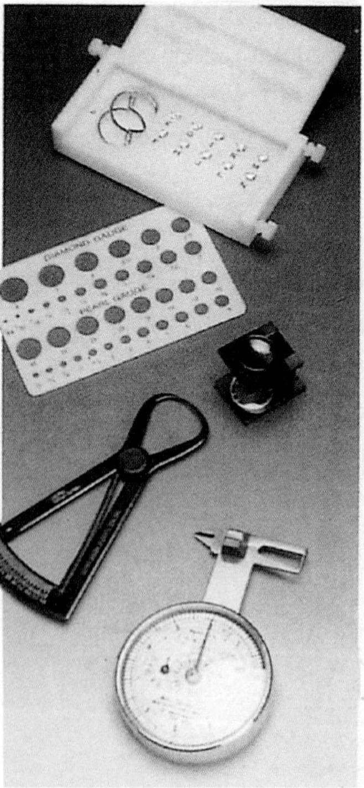

（自下而上）
度盘量规
摩氏（Moe）量规
辛氏（Schindler）量规
孔型量规
CZ 比色石

（版权所有）英国，
宝石仪器公司

● 重量计算

重量单位为 ct ，尺寸单位为 mm

	圆形明亮琢型钻石	重量 =(平均直径)^2 × 高度 × 0.0061
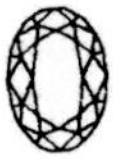	蛋形明亮琢型钻石	重量 = [(长度+宽度)/2]^2 × 高度 × 0.0062
	心形明亮琢型钻石	重量 = 长度 × 宽度 × 高度 × 0.0059
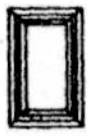	细长形琢型钻石	重量 = 长度 × 宽度 × 高度 × 0.00915

对于祖母绿琢型、马眼形明亮琢型和梨形明亮琢型的钻石，所使用的修正系数随长宽比而改变：

重量=长度×宽度×高度×修正系数

● 修正系数

长宽比	马眼形 	梨形 	祖母绿型 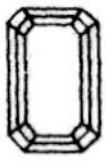
1. 0：1.0	0.0057	0.0062	0.008
1. 5：1.0	0.0058	0.0060	0.009
2. 0：1.0	0.0059	0.0059	0.010
2. 5：1.0	0.0060	0.0058	0.011

譬如，你被要求给出一颗梨形钻石的大致重量。利用度盘量规得到了钻石的长度、宽度和高度。

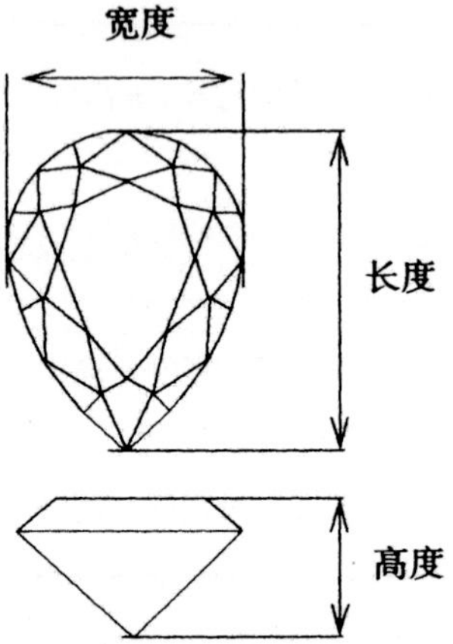

宽度 = 4.0 mm
长度 = 6.0 mm
高度 = 2.4 mm

根据这些尺寸并利用前页中给出的表可找出修正系数：

长度	:	宽度
6.0 mm	:	4.0 mm

其长宽比是 1.5 : 1.0 ，

所以，应使用的修正系数是 0.0060（据前表）。

钻石的克拉重 = 6.0 × 4.0 × 2.4 × 0.0060 = 0.34 ct

第二章 颜 色

大多数已切磨钻石是根据其*少色*程度进行分级的。

如果一颗钻石显示出比另一颗同等重量、净度和切工的钻石有“较好的颜色”，即颜色较浅，那它的价值将较高。

如果钻石具有明显和受人喜爱的颜色，它被称为*彩色钻石*（彩钻）。彩色钻石有自身的评价尺度，主要是根据其颜色的深度而不是其少色程度。

大多数已切磨的钻石看上去是“无色的”并被称为“白的”。尽管对于未经专门训练的眼睛，所有这些钻石都或多或少为无色，但其中的大多数实际上均显黄色调。黄色调的变化范围曾被称为“开普系列”。之所以这样称呼，是因为当初无色至淡黄色钻石大都发现于南非的开普区。钻石也有带褐、灰或绿色调的。本手册中我们只集中讨论无色到近无色的钻石。

● 色级

每个色级都代表了一个颜色变化范围，而不是只代表颜色系列中的一个点。

在任一颜色分级体系中，色级之间的分界点完全是任意的点。为简化质量评价，将连续的颜色变化划分成若干个经选择确定的区间。这样一来，就能利用已确定的人们都熟悉的参照点来描述钻石的颜色。

（GIA）	（CIBJO）	总的外观
D	Exception White（EW+） 极白+	台面朝上无色 台面朝下无色
E	Exception White（EW） 极白	
F	Rare White+（RW+） 优白+	
G	Rare White（RW） 优白	
H	White（W） 白	台面朝上无色 台面朝下略带色调
I J	Slightly Tinted White（STW） 较白（微黄白）	
K L	Tinted White（TW） 次白（浅黄白）	台面朝上略带色调 台面朝下明显带色调
M · · Z	Tinted Colour（TC） 带色调	台面朝上明显带色调 台面朝下明显带色调
Fancy 彩色	Fancy Colour 彩色	台面朝上有特定颜色

● 颜色分级

传统上是采用自然日光进行钻石的“比色”。这种形式的光照有许多弊端。譬如，日光的强度随地点和一天的不同时间而变化。这影响到对钻石颜色的感觉。

为精确地进行钻石的颜色分级，采用商用钻石分级灯。这种灯应不发或只发很少的紫外光。来自头顶上方和窗外的杂光会影响对钻石的照明，故最好把四周弄暗。

不论何时，只要可能，就应从侧面观察来对钻石分级而不要向下直视钻石台面。透过钻石台面所观察到的亮度会掩盖其中微细的色调，使颜色分级变得困难。

钻石的颜色应沿钻石的最大宽度进行观察。譬如，对于蛋形钻石，观察方向应是沿其长度（而非宽度）方向。

钻石应彻底地拭净，而后如下图所示将台面朝下放在白纸卡或盘上。

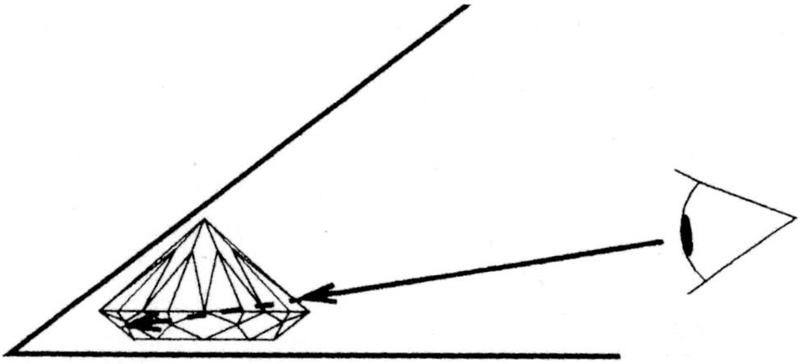

观察的位置应稍高于腰棱面而不是直对钻石的腰棱。粗磨的钻石趋于沿腰棱显灰色；这种灰色与钻石的体色是无关的。

白色纸卡或盘为钻石提供了中性的背景，但强色彩的墙壁、天花板或衣服会扰乱视线并将其颜色反射到钻石上，从而影响颜色分级。

精确的色级是靠把钻石与称为“比色石”的一系列预先经过分级的颜色比照石进行比较得出的。

归纳起来说，为精确进行钻石的颜色分级，你需要：

(1) 一套颜色比照钻石（比色石）；
(2) 合适的光源（标准色的灯箱）；
(3) 中性的分级环境；
(4) 经验。

这些条件并非任何时候都能有。作为替代办法，使用一个等同日光的光源和一个白纸卡可方便地测得钻石的大致色级。后文中将讨论这个方法。

- **比色石**

比色石每一颗应不小于 0.50 ct，切磨比例要好，具浅黄色调，没有或只有极弱的荧光，具刻面的或抛光的腰棱，不含有色的、黑色的或别的能带来干扰的包裹体。

这里要讨论的是两个稍有不同的标准比色石组。

(1) GIA（美国宝石学院）的比色石组由 9 颗比色石组成。
每颗比色石（MS）代表该色级的上限。
(2) CIBJO（国际珠宝首饰联盟）的比色石组由 7 颗比色石组成。
每颗比色石代表该色级的下限。

为说明分级过程，我们只集中讨论 GIA 的分级体系（D 到 Z）就足够了。

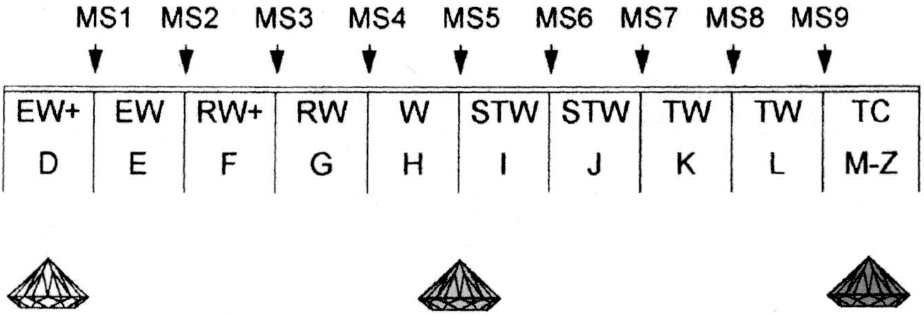

注：MS 即比色石

(1) 比色石排成一条线，彼此间隔 20mm 。
(2) 1 号比色石总是放在左边（注意：它是 E 的上限而不是 D）。
(3) 所有颜色比作为 M 上限的 MS9 差的钻石均视为带色调的（tinted）。

因而，如果一颗钻石的颜色比 MS5 好，但比 MS4 差，这颗钻石应分级为“H”色。

● 分级步骤

(1) 所有的比色石都应拭净，而后将台面朝下按顺序成一条直线放在白色盘上。MS1 在左端，MS9 在右端，相邻比色石的间距大致为 20mm。

(2) 待分级的钻石应先拭净、称重并用放大镜检查；有必要认清它的特征，以避免随后一不小心与比色石相互调换。

(3) 将待分级的钻石置于每颗比色石的左右两侧，通常都是先从右侧开始，直至最终在颜色系列中找到其正确位置。

(4) 如果待分级钻石与用来比较的那颗比色石完全相当，即放在左侧时它看上去比比色石稍深，而放在右侧时它看上去又稍浅，那么，这颗钻石应定为与该比色石同样的色级而不是更高一级。

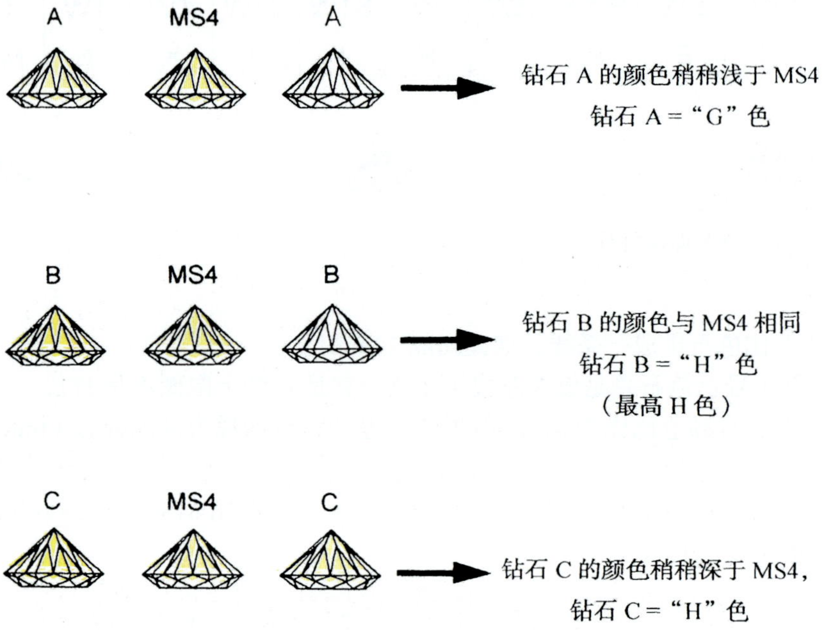

当待分级钻石置于比色石两侧时
其颜色的深浅看上去有变化

● **注意事项**

(1) 颜色分级是一个主观过程，拖长时间作出的判断通常不如较快速作出的判断可靠。这是因为眼睛会很快疲劳，精确分级的能力下降。

(2) 当转动钻石时，所感受到的颜色会有变化。最稳妥的办法是以所观察到的“平均”色作为该钻石的真实色。

(3) 当两颗颜色非常相似的钻石互相比较时，心理因素会起作用。譬如，设定钻石 A 的颜色与 MS4 非常相似。当钻石 A 置于 MS4 的右侧时，它看上去颜色稍浅，而当置于其左侧时看上去又稍深。所以，钻石 A 的颜色饱和度与 MS4 相同，为 H 色钻石。

这一心理效应突出表明了必须将待分级钻石置于任一比色石两侧进行观察的重要性。

(4) 当褐色系列的钻石与黄色系列钻石相互比较时，眼睛更易分辨出褐色。因而，尽管两颗分属于褐色和黄色系列的钻石可能具同样的颜色饱和度，但褐色的会让观察者觉得稍深一些。当对褐色钻石分级时一定要注意到这一点。当观察颜色时，重要的是尽力考察颜色的饱和程度而不是颜色本身。

轻轻地朝钻石哈气能消除来自刻面的反光和光泽。这使得每颗钻石的体色更易观察到。

对比不同大小或不同比例的两颗钻石是困难的。当把一颗较大的钻石拿来与一颗较小的钻石比较时，前者的色级会无意中定得偏低。这是因为，较大钻石中颜色的任何微小踪迹都较易看到。亭部较深的钻石也比切磨比例好的钻石显得颜色较深。这就是为什么对比两颗钻石的同一部位是如此重要。

从底尖向下在亭部的三分之一处

常见到反向映像

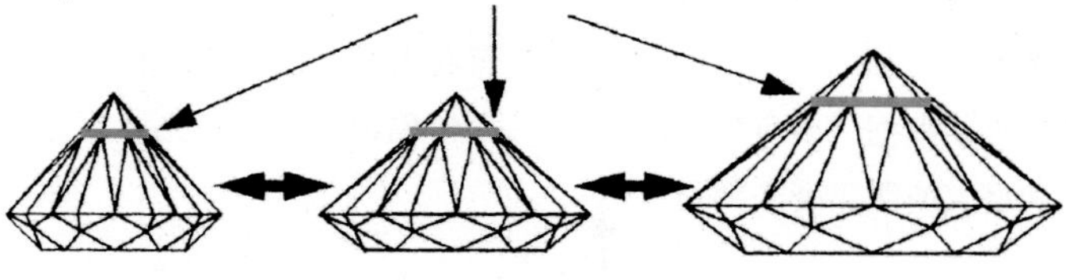

对比两颗不同大小或比例的钻石的最佳

位置是稍高于腰棱并位于反射线之下

● 不用比色石的颜色评价

当不用比色石和商用钻石分级灯而评价颜色时，应牢牢记住前文中使用比色石分级的说明（第 12 页至第 17 页）所述的有关细节。

为评价颜色，可如下图所示，使用一个等同日光的光源和一白色纸卡。

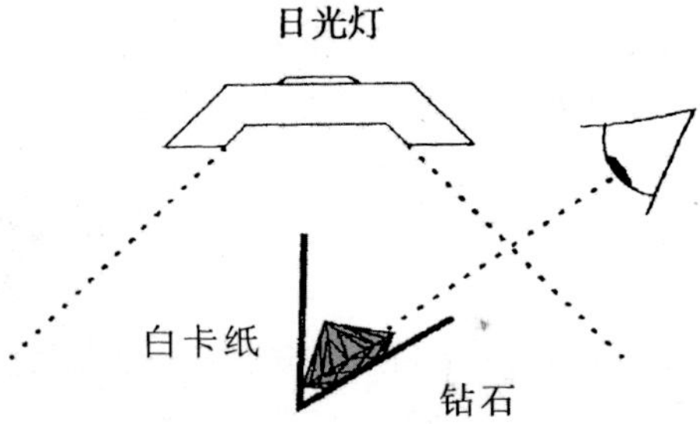

如前所述那样观察钻石，即将台面朝下，以白纸卡为背景，将钻石举到光源下并沿其最宽处观察。

许多人都是从“H”色级开始来判断任一颜色，我们也可以此为指南:把“H”色级看作是“无色”和稍带“色调”的之间的分界（见第 12 页）。

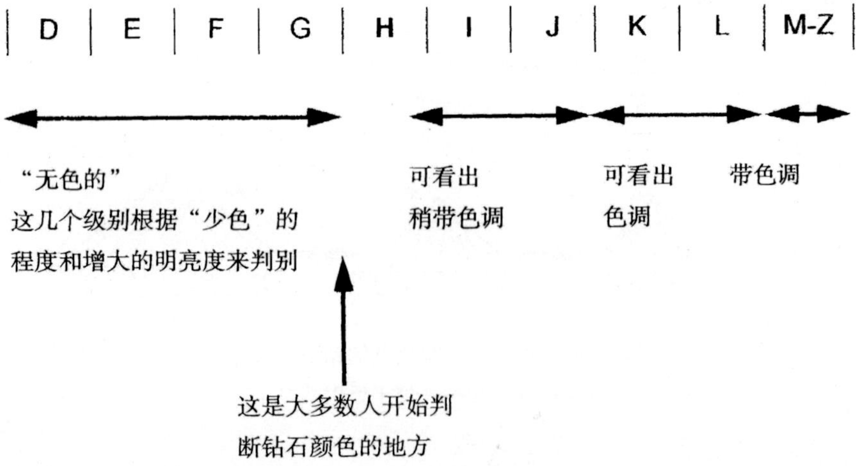

先看一下已知的被分级为H色的钻石。将其他已知色级的钻石与你的H色钻石进行比较。现在尝试不靠比色石而用眼睛来评价别的钻石。

● **已镶钻石的颜色分级**

即便是使用比色石也不可能对已镶钻石进行精确的颜色分级。

钻石的镶座会影响钻石的颜色观察，特别是当镶座的金属为有色的时。镶座上周边有色宝石的色彩同样也会影响所感受到的钻石颜色。

尽管如此，通过把已镶钻石的台面朝着比色石的台面靠近并比较两颗钻石的相同部位，还是可能对颜色作出评价。与前文中所述颜色分级一样，中性的背景和适宜的光源很重要。

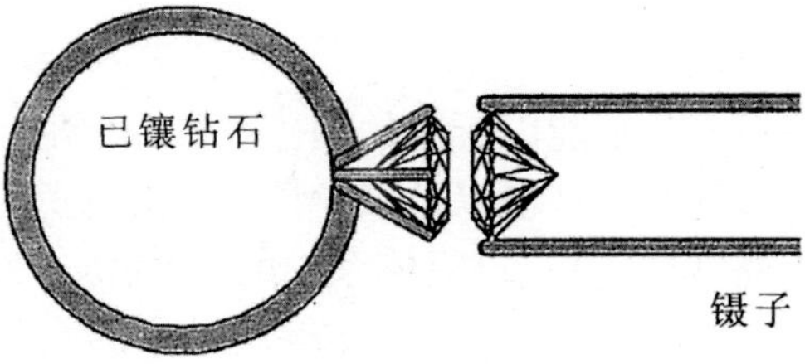

● **使用 CZ 比色石进行颜色分级**

当使用CZ 比色石作比照时，是不可能精确地进行钻石颜色分级的。

CZ 是立方氧化锆的简写。这是自 1977 年以来用于仿钻石的一种人造材料。一系列具不同饱和度的带黄色调的 CZ 被用来替代供钻石颜色分级用的比色石。其价格比一套钻石比色石要便宜许多。然而，靠它们无法测出钻石精确的色级。

当对比两颗宝石的颜色时，为获得最大可能的精确比照结果，这两颗宝石必须是同种材料并具相同的尺寸、琢型和切磨质量。即便当对比的是两颗不同尺寸和切工的钻石时，因它们属同种材料，仍可使光线以相同方式透过和从表面反射。而用 CZ 与钻石对比则不可能提供足够精确的色级。然而，尽管 CZ 不能用于提供精确的色级，但还是可用于判断大致的色级。

CZ 比色石要避开强光和紫外辐射以免其颜色逐渐改变。

钻石与 CZ 比色石的对比方法与使用钻石比色石相同。然而，当使用 CZ 比色石时，最好把色级的范围拉宽。譬如，当用一套 CZ 比色石对比一颗钻石时，如果认为钻石具“I”色，那么，最好把钻石分级为“I — J”色。

● 彩钻（彩色钻石）

彩钻（彩色钻石）几乎能以所有的颜色或色调出现，包括黄色、橙色、褐色、蓝色、绿色、粉红色以及极少情况下的红色。这些钻石在色调或颜色饱和度上通常比 GIA 分级体系中的 Z 要深，也就是说，当台面朝上时显示明显的体色。它们通常是按颜色的强度分级，其价格取决于稀有程度、瑰丽程度和需求程度。

当描述有色的钻石时，术语“彩（fancy）”字可置于所描述的天然有色钻石颜色的前面。要综合给出色彩（hue）、色调（tone）和颜色饱和度（saturation）的描述。

颜色饱和度和色调的相互关系恰如下图所示：

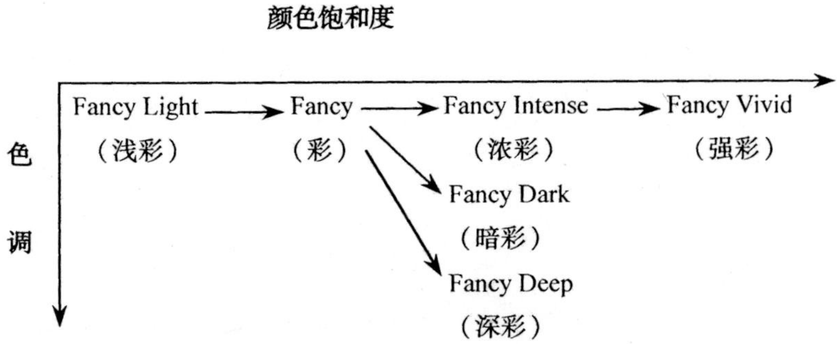

对于比较少见的颜色，例如蓝色或粉红色，其饱和度与 GIA 近无色钻石分级中的 M—Z 部分可能搭接。这些较浅的颜色可根据其饱和度描述为:

Faint（微弱）→ Very Light（极浅）→ Light（浅）→ Fancy Light（浅彩）→ Fancy（彩）→ etc...（等等）

色彩是根据主导色来描述的，如黄色或粉红色。主导色还可被次要色（如稍许的褐色或紫色）所改造。这时色彩可描述为褐黄色或紫粉红色。

将色彩、色调和饱和度这样加以综合，就构成了最终的描述性术语，例如彩黄橙色（Fancy yellowish-orange）。

- **钻石荧光**

荧光——材料(如钻石)被较高能量辐射(如紫外光)激发时发射可见光的现象。

磷光——辐射源移开后材料继续短暂发射可见光的现象。

各个钻石对紫外辐射的反应不同。有些钻石呈惰性，完全不发荧光。如果钻石发荧光，则通常是在长波紫外光辐照下发蓝色光，其强度从微弱到极强不等。黄、绿、橙和其他荧光色也出现于某些钻石。

各种各样的天然彩钻
(版权所有)戴比尔斯

黓奇逊鼻烟盒——用黄金制作并镶有从 0.75 到 2.50 克拉钻石的鼻烟盒
左图为自然光下，右图为紫外光下
（版权所有）伦敦，自然历史博物馆

当处于暗室中并把紫外光靠近钻石时，荧光看得最清楚。荧光也可由存在于日光中的紫外光引发。发强荧光的钻石在日光直照下会显示出浅蓝色调，使带黄色调的钻石呈现为另一不同的色级。

蓝色荧光会掩盖钻石的黄色调，钻石将显示出比在无紫外光光源照射下原有的色级更高的色级。因而，当对钻石进行颜色分级时，确保受控的光照条件是很重要的。

有些发蓝色荧光的钻石还发黄色磷光。不同钻石的磷光持续时间不同。所以，偶尔会出现这样的情况，即钻石在颜色分级前刚刚检查过荧光，如果此时钻石还在发磷光，分级的结果可能有误。

钻石的荧光性是在长波紫外光下分级，根据所观察到的荧光强度确定等级:无（none）、弱（faint）、中（medium）、强（strong）和很强（very strong）。

第三章　净　度

钻石的净度是指钻石*少含*包裹体（发现于钻石内部的特征）和表面缺陷的程度。净度由有经验的分级者用 10 × 放大镜在从“无瑕（flawless）”到“瑕（重瑕）（imperfect）”的尺度内分级。

钻石内外的分级特征是：

内部特征——指完全封闭在钻石内的或从表面延伸到钻石内的那些特征（即包裹体）。

外部特征——指见于钻石表面但未深入钻石内部的那些特征（即表面缺陷，blemish）。

●　内部特征

晶体（crystal）——见于钻石内部的固体矿物包裹体。这些包裹体可以是包括钻石在内的各种不同的矿物。钻石中的黑色包裹体常被误称为“碳斑（carbon spots）”。虽然也有石墨包裹体，但比较罕见。黑色包裹体更可能是别的不少于 20 种矿物中的任一种。

针状体（needle）——细长形的晶体，看上去像微细的棒，也称为针状包裹体。

晶结（晶瘤）（knot，naat）——钻石中因双晶而导致纹理变化的部位。有时也称为双晶线（twinning lines）。

针点（pinpoint）——非常微小的包裹体，即使放大 10 倍观察也只呈细小点状。

云雾（cloud）——针点或其他小包裹体的集合体，常具朦胧外观。

解理（cleavage）——这是钻石中的薄弱线（见第 69 至 70 页）。如若钻石是劈开的，解理将表现为具阶梯状边缘的一个平面。如若钻石具内部解理缝，或称“初始（incipient）”解理，它将表现为钻石中的一个平坦的面。钻石有平行于八面体面的 4 个解理方向。内部解理会危及钻石的耐久性。

内部破裂（internal fracture）或*羽状体*（feather）——钻石结构中的随机破裂，其外观有时像“羽毛 (feather) ”，也称为“gletz”或裂缝。破裂可在钻石内部的任何方向发生，但破裂若在延伸中并入解理方向，那它将更易沿钻石中的这个薄弱面发生。

胡须 (毛边)（bearding）——从腰棱伸向钻石内部的细小破裂。这是由过激的粗磨造成。

纹理（graining）——钻石形成过程中因晶体结构的不规则性而产生的生长线或面。

内部纹理（internal graining）——其位置有时难确定，可能需要稍稍倾斜钻石才能发现。它的强度可变化很大，从 10×放大镜下只轻微可见直到肉眼可明显看出。贯穿钻石的内部纹理可与抛光线区分开，后

者是表面特征，在不同刻面具不同方向。内部纹理可以是透明的、反光的、有色的或稍带白色的。取决于纹理的类型、位置和延伸范围，可对钻石的净度产生影响。

透明纹理（transparent graining）——钻石内部一条或多条透明的线。这些不影响净度等级。

反光纹理（reflective graining）——钻石内部的反光面。这种类型的纹理使钻石不能定为 IF（内无瑕）净度级。

有色纹理（coloured graining）——内部纹理可显示各种颜色，最常见的是褐色或粉红色。这种类型的纹理使钻石不能定为 IF 净度级。

稍带白色的纹理（whitish graining）——稍带白色的外观，看上去呈雾状或云状。这会降低钻石的透明度。这种类型的纹理使钻石不能定为 IF 净度级。

缺口（chip）——缺口是钻石的某一小部分破裂（崩裂）造成。当孔洞很小时，有时也称之为 nick（刻痕、疤痕、刮伤、刮痕）。因缺口延伸入钻石，故视为内部特征。

孔洞（cavity）——钻石表面的坑。

撞击痕（bruise）——通常呈白色，是钻石被撞击而造成并导致紧靠表面之下出现细小破裂。

内凹原晶面（indented natural）——原晶面（natural）这个术语用于描述抛磨后保留下来的钻石晶体原始表面的一个部分。如若原晶面凹入钻石，则称为内凹原晶面。

激光孔（laser drill hole）——激光造成的细管。（详见第六章。）

● 外部特征

原晶面（natural）——参见上述的内凹原晶面。如果这个特征相对于成品钻石的表面是平的，它被称为原晶面。当原晶面局限于腰棱时，它不影响钻石的净度。

表面纹理线（surface grain line）——内部纹理的外部表现。它们与抛磨方向无关并可横穿刻面接合线。

额外刻面（extra facet）——添加的与通常刻面型式无关的小刻面。它们有些是用来掩盖表面缺陷，也有些是切磨后两相邻刻面未相交而造成的。额外刻面大多见于亭部刻面紧靠腰棱之下的地方。

划痕（scratch）——刻面上的表面损伤，伤痕未深入钻石内部。可能是与别的钻石相碰撞的结果。

磨损（abrasion）——沿刻面棱出现的呈白色外观的表面损伤。这种磨损没有深入钻石内部。

抛光线（polishing lines）——因抛光差而在刻面上产生的细的平行线，透明或稍带白色。相邻刻面上见到的抛光线呈不同方向。

烧痕（burn mark）——因抛光过程中过热而造成的在钻石表面见到的乳状外观，也称为 burnt polish 。

钻石中已发现 20 种以上不同的矿物包裹体
（版权所有）GAGTL

钻石中的晶体包裹体
（版权所有）GAGTL

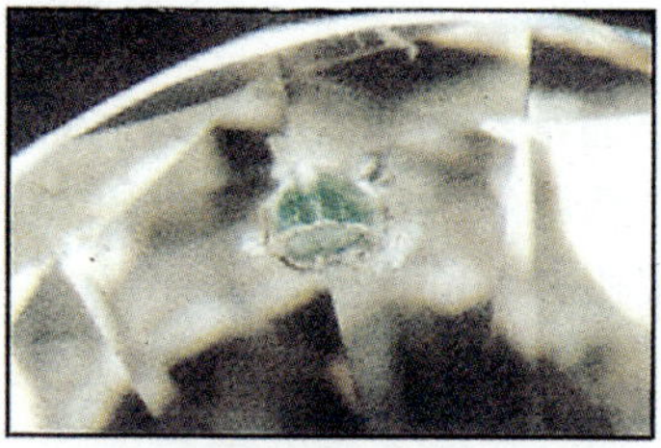

钻石中的铬透辉石包裹体
（版权所有）GAGTL

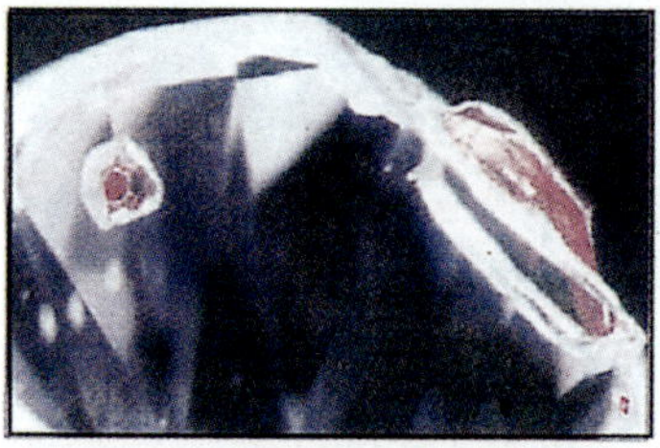

钻石中的石榴石包裹体
（版权所有）GAGTL

靠近钻石腰棱的黑色包裹体
（版权所有）GAGTL

钻石台面中的云雾
（版权所有）戴比尔斯 DTC

从钻石亭部看到的内部纹理
（版权所有）GAGTL

褐色钻石中的内部纹理
（版权所有）GAGTL

台面中的羽状体
（版权所有）戴比尔斯

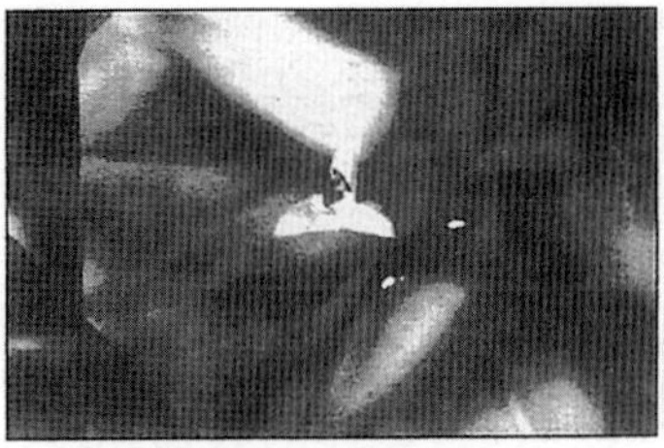

台面中的小的初始解理
（版权所有）GAGTL

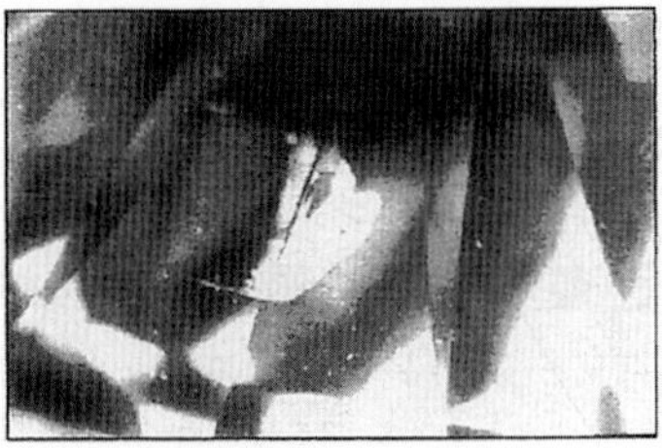

亭部中的羽状体
（版权所有）Pat Daly

胡须（毛边）
（版权所有）GAGTL

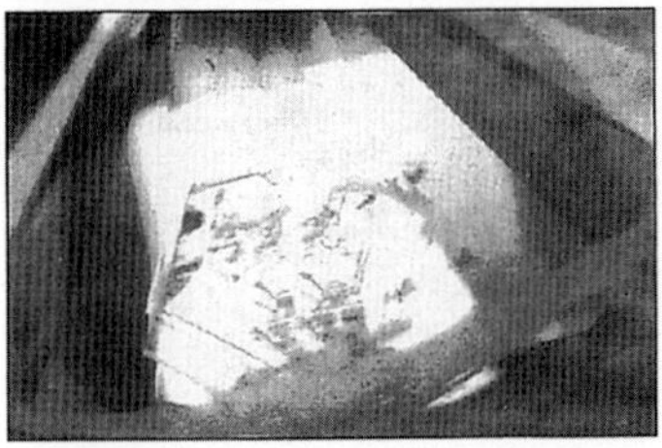

亭部上的原晶面
（版权所有）GAGTL

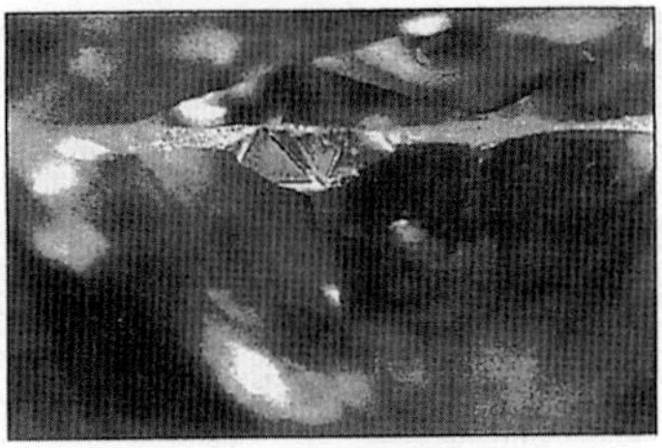

腰棱上的原晶面
（版权所有）GAGTL

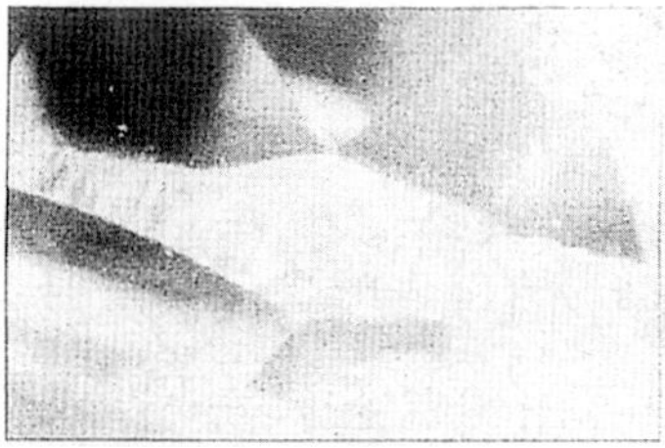

腰棱上的原晶面
（版权所有）GAGTL

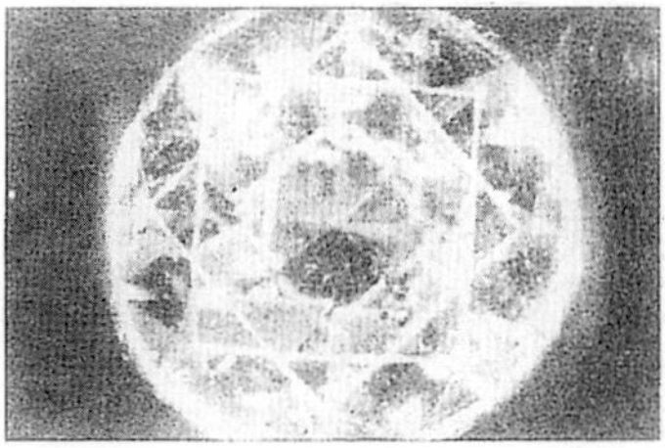

沿钻石刻面棱出现的磨损
（版权所有）GAGTL

净度级别的影响因素

净度级别取决于 5 个因素:

- *数量* ——包裹体的数量越多，净度级别就越低。
- *大小* ——包裹体越大，净度级别就越低。
- *位置* ——包裹体越居中就越明显，净度级别也就越低。
- *明亮度* ——包裹体的颜色越深或越白，包裹体就越明显，净度级别也就越低。
- *种类* ——譬如，在其他因素都相同的情况下，轻微云雾（一组极小的包裹体）对净度的影响要小于同等大小和位置的暗色晶体对净度的影响。

钻石极少是“无瑕”的。大的高净度的钻石较少见，其克拉价高于相同净度级别的较小钻石。

净度分级

钻石的清洗

最基本的是要在分级前从钻石上去除油脂和灰尘。用擦钻石布仔细擦拭通常能去除大部分表面污物。专用擦钻石布是用尼龙制成的不起毛的布。

如果表面污物很牢，用擦钻石布无法去除，可在工业酒精中浸一浸，再用擦钻石布擦拭。

任何时候都不应用手指夹持成品钻石而应使用钻石镊子。黑色的镊子能避免反射映像出现在钻石中，故黑色镊子比钢镊子更常使用以免除干扰。

- **10×放大：为何要放大10倍？**

放大10倍你能：

(1) 看到钻石内部和表面的许多鉴定特征；
(2) 避免更高倍放大时易出现的影像抖动；
(3) 获得适当的视域；
(4) 保持钻石内部的充分聚焦（足够的“景深”），以便清晰地看到待测钻石的许多特征。

钻石分级总是在 10×放大下进行。只在更高倍放大时才能看到的包裹体将不影响净度级别。

- **用10×放大镜还是显微镜？**

与显微镜不同，10×放大镜轻便、便宜 ，可随身携带。所以，放大镜要通用得多，特别是对那些到处走动的买主或估价师。

所使用的放大镜应是经过光学校正的，即不应有畸变和彩色边缘。

然而，显微镜能让使用者一边观察钻石，一边书写或画图。钻石是用固定在显微镜底座上的镊子来夹持的，因而手可以腾出来做别的事。所有宝石实验室都是用双目实体显微镜进行钻石分级。但即便用显微镜，也只放大10倍。

已校正的放大镜下看到的直线和
它们在未校正的放大镜下畸变的情况

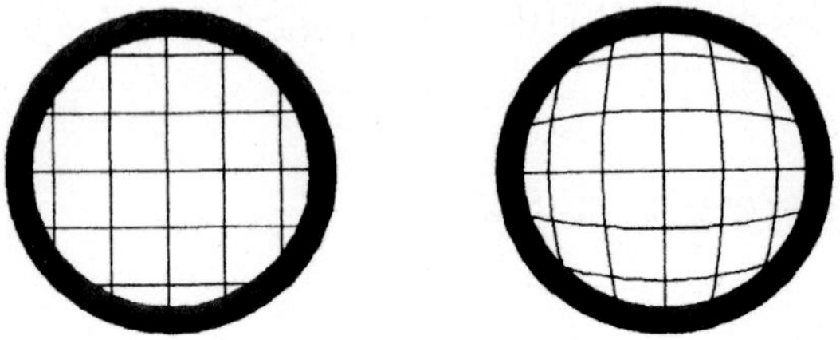

已校正的放大镜下的图形　　未校正的放大镜下的畸变图形

使用暗域照明的双目实体变焦显微镜

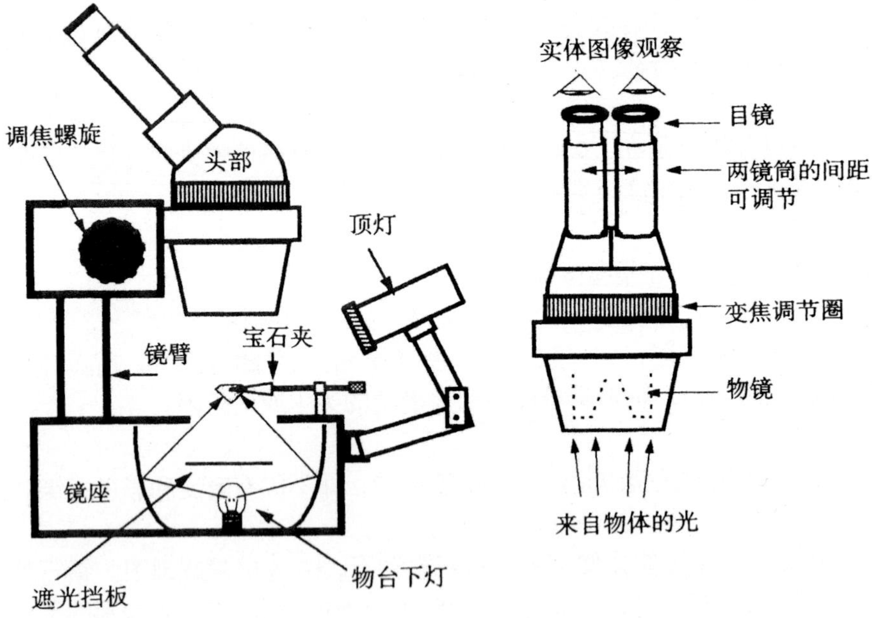

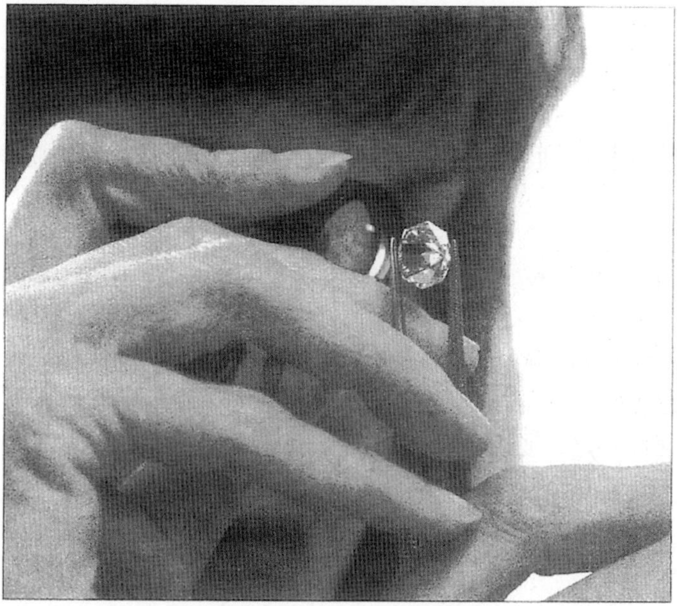

如何拿 10×放大镜和镊子
（版权所有）戴比尔斯

标准宝石显微镜
（版权所有）英国宝石
协会宝石仪器公司

钻石分级总是用 10×放大。即便是用显微镜，使用 10×放大镜的经验也是最基本的。

英国宝石协会的钻石实践考试中使用 10×放大镜而不是显微镜。

● 怎样拿 10×放大镜

最基本的是要设法防止抖动，这样才能快捷、方便地观察细节。

为做到这一点，要保持：

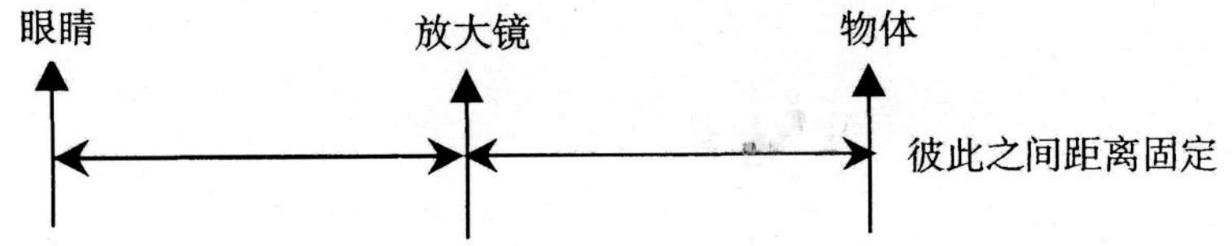

为保持眼睛、放大镜和钻石之间的固定距离，要始终记住：

(1) 把拿放大镜的手靠在脸上；
(2) 保持双手相互接触；
(3) 放松，将肘部或前臂靠在桌面上或将肘部靠在桌子的抽屉上。

● 怎样使用光照和 10×放大镜

(1) 当用 10×放大镜观察钻石时，重要的是考虑光照条件和确保钻石和放大镜都是干净的。

(2) 日光灯是最佳的，它可避免钨丝灯（台灯）产生的亮度和反射映像。

(3) 若观察钻石的表面，即它的外部特征，使光从钻石刻面反射并产生镜面效应是很容易的。将钻石夹持在光源的正下方就可办到。

(4) 若观察内部特征，最理想的是把钻石夹持在光束的边部。这将保证进入钻石的大部分光从侧面穿过亭部并对着较暗的背景照亮钻石的内部特征。这称为暗域照明。

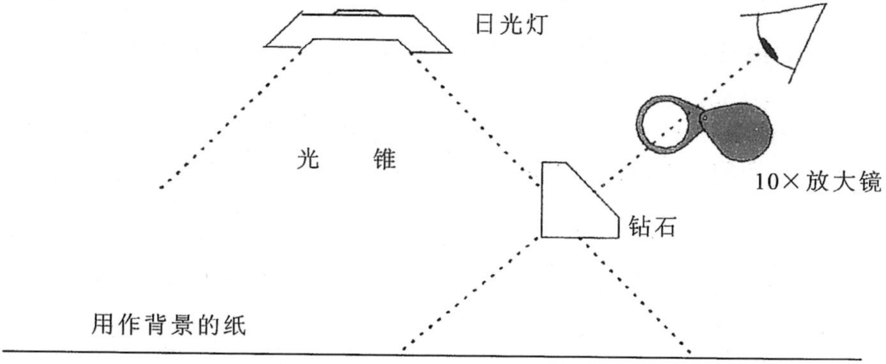

图示用于钻石分级的光照条件

(5) 当使用显微镜时，通过在灯的上方移动一块板子以阻挡直接照射即可达到暗域照明。光从侧面反射并绕过板子进入宝石。

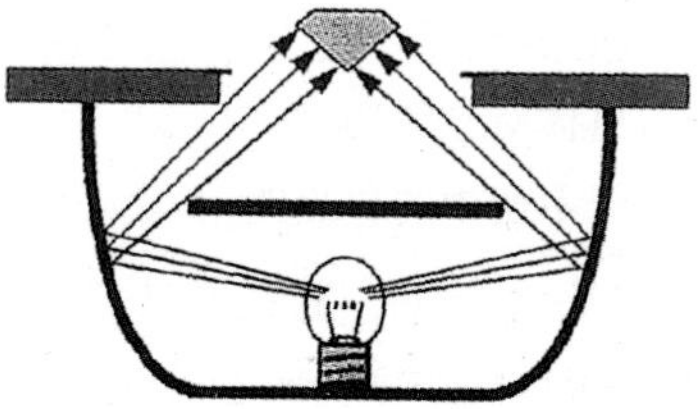

(6) 当用 10×放大镜时，以一个白色或表面粗糙无光泽的黑色纸板作背景进行净度分级。

现在可以开始对钻石包裹体和瑕疵的检查了。只有通过检查许多钻石，才能获得摆弄钻石和鉴定包裹体的经验。

- **系统检查**

(1) 当观察钻石的净度时，透过亭部看到的任何包裹体与透过冠部看到的相比较，前者对净度的影响较小。尽管如此，透过每一个刻面检查钻石仍是原则。

(2) 重要的是使用系统的方法。从不用放大镜透过冠部观察钻石开始。如若能看到任何包裹体，那钻石的净度就是差的，这要记录下来。

(3) 使用放大镜检查时先从台面开始。台面是最大的刻面，也是光进入钻石的最大窗户。透过台面能看到的某个包裹体与不在中心的较小刻面下方的另一包裹体相比较，前者对光线的遮挡程度要大。这表明了包裹体位置在钻石净度分级中的重要性。

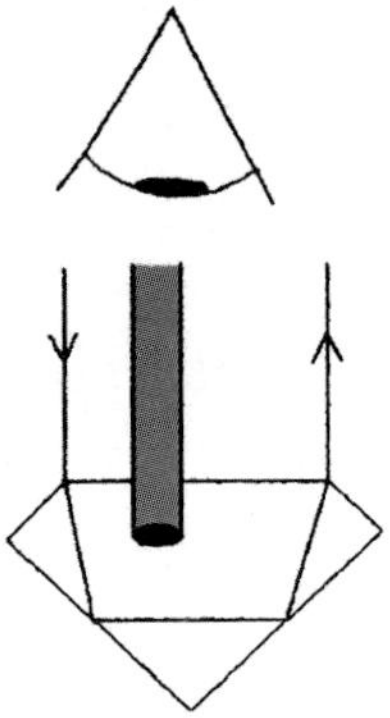
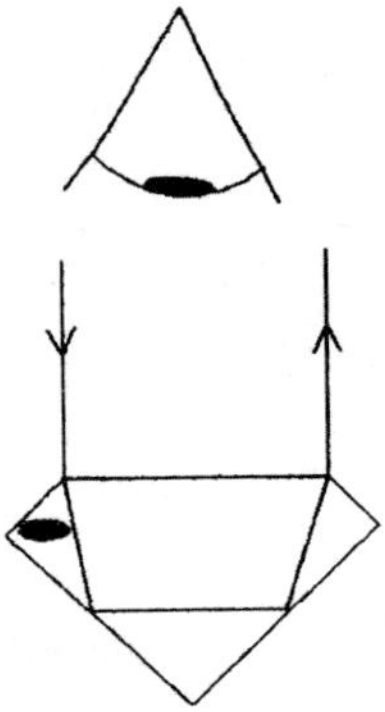

通过台面看
到的包裹体对光线透过
的影响大于不居中的包裹体

(4) 继续系统观察，检查冠部的其他刻面。把钻石想象为一个钟面，从 12 点钟开始，绕着检查钻石台面外侧的刻面直至走完 12 个钟点。而后对亭部重复同一过程。

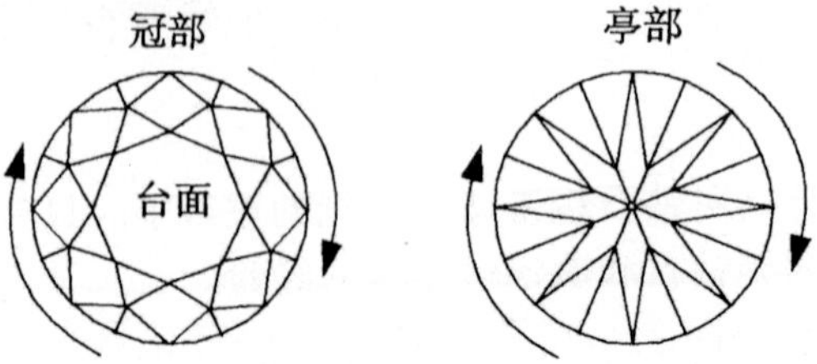

(5) 重要的是不要把镊子的映像与钻石内部的特征相混淆。有必要把镊子夹持钻石的位置改变一下，以确保没有包裹体或瑕疵因被镊子遮盖或受镊子映像影响而被漏掉。

(6) 位于钻石深处的极小的包裹体通常只能从亭部侧面观察到。为观察这些特征，最好的办法是用镊子的两头夹住钻石的台面和底尖。

(7) 像下图这样夹持时，容易看到腰棱的所有部分。注意小的羽状体、胡须和原晶面。但要小心，如对钻石过分施压会损伤底尖。

注意：使用此方法时要小心，以免损伤底尖或台面

- **检查灰尘**

初学分级的人常碰到的一个难题是判断看到的某个包裹体是真的在钻石内部，还是只是表面上的一个污点。为此，首先要确保表面已擦拭干净。如果擦拭后“包裹体”改变了位置，那它就是表面污物，可不予考虑。如果还没有把握，可试试以下两个办法：

(1) 靠近刻面棱的包裹体通常显现在相邻刻面中。包裹体越靠近表面，这些影像离包裹体就越近。灰尘不会反映到相邻刻面中。

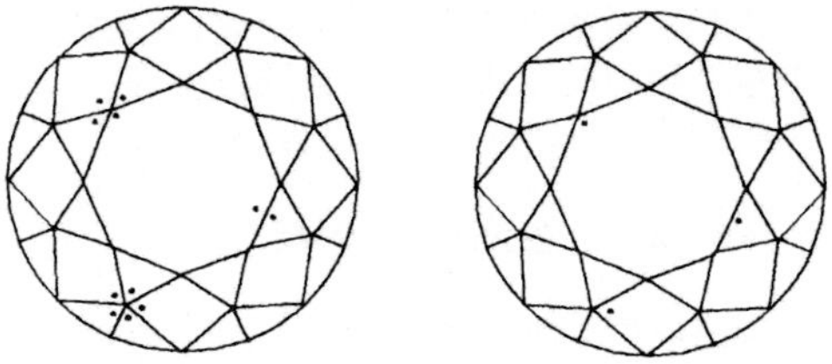

包裹体的映像　　　　表面上的灰尘

(2) 如果将钻石相对于光源倾斜到某个位置，光将从刻面反射入眼中。表面上的灰尘或通到表面的包裹体会使镜面状外观变得不完整，而刻面之下的任何包裹体都将看不到。

净度等级

GIA		CIBJO
Flawless（FL）无瑕	10×放大不见包裹体或表面缺陷	Loupe Clean（LC）放大镜下洁净
Internally Flawless（IF）内无瑕	10×放大不见包裹体，只有轻微的表面缺陷	
Very Very Slightly Included（VVS）极轻微瑕	含微细的连有经验的分级者用 10×放大也难确定的包裹体	Very Very Small Inclusions（VVS）极微小包裹体
VVS1	包裹体极难看到	VVS1
VVS2	包裹体很难看到	VVS2
Very Slightly Included（VS）轻微瑕	10×放大见小的包裹体。典型的是小的晶体、羽状体和云雾	Very Small Inclusions（VS）微小包裹体
VS1	包裹体难看到	VS1
VS2	包裹体有点难看到	VS2
Slightly Included（SI）微瑕	10×放大有易见的包裹体	Small Inclusions（SI）小包裹体
SI1	包裹体容易看到	SI1
SI2	包裹体很容易看到(用肉眼可看到)	SI2
Imperfect（I）瑕(重瑕)	含 10×放大下明显的包裹体，当台面朝上时通常肉眼易看到；它们会危及钻石的耐久性，或当数量很多时影响钻石的透明度和亮度	Pique（P）不洁
I1	瑰丽或耐久性受到一些影响	P1
I2	瑰丽或耐久性受到严重影响	P2
I3	瑰丽或耐久性受到很严重影响	P3

● 净度分级制图符号

当你已观察过所有的包裹体后，可以把这些包裹体标到一张刻面图(facet diagram)上。制图是对钻石的一种独特的标记方法，重要的是把每个包裹体的位置和大小精确地标出来。所有的内部特征用红色标出，而所有的外部特征则用绿色。这些标示能给出位置和尺寸大小的一定印象，但显然无法提供任一包裹体的三维状况。

内部特征

- 晶体
- 云雾
- 撞击痕
- 双晶
- 解理
- 孔洞
- 晶瘤（晶结）
- 内凹原晶面（N）
- 针点
- 羽状体
- 针状体
- 缺口
- 胡须（毛边）
- 内部纹理/纹理线
- 激光孔 (见第 81 页)

外部特征

- 原晶面（N）
- 表面纹理线
- 抛光线
- 额外刻面（EF）（黑色）
- 划痕

举例：

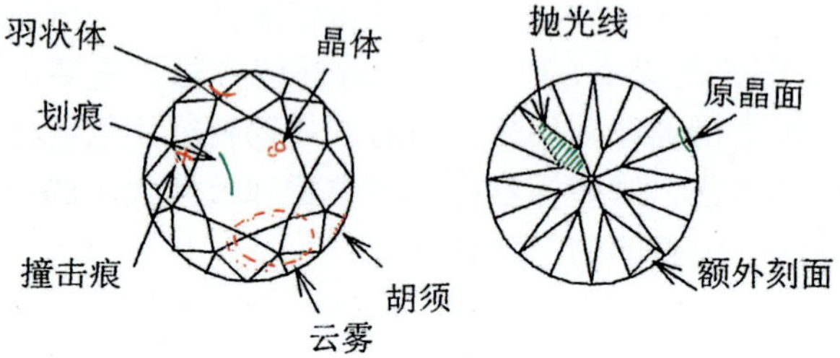

● **刻面图**

透过亭部能看到的或使亭部表面变得不连续的包裹体应标示在亭部图上。这也包括在腰棱上看到的任何标志，除非它们确实是延伸入冠部。其余的包裹体均标示在冠部图上。

亭部图绘制成冠部的镜面映像。如若把冠部想象成一个钟面，那么亭部的绘制则要绕 12-6 轴线转动。

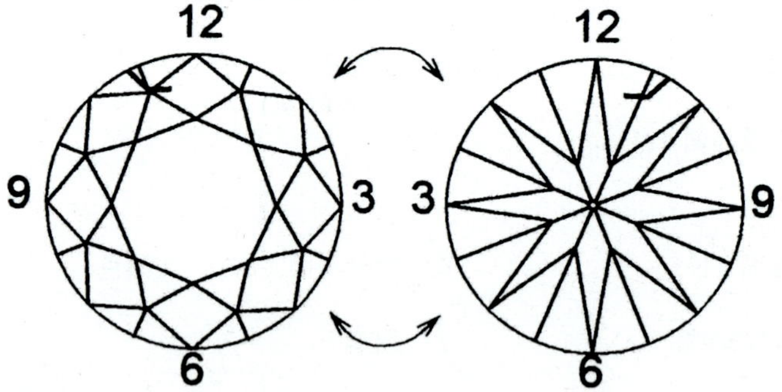

当使用 10×放大镜检查钻石时，标示不可能精确。为了制图，应使用显微镜。

净度级别举例

- 无瑕（FL）到内无瑕

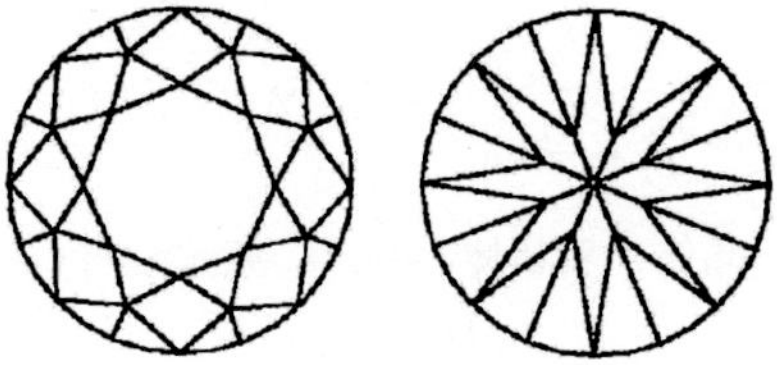

无内部特征

FL

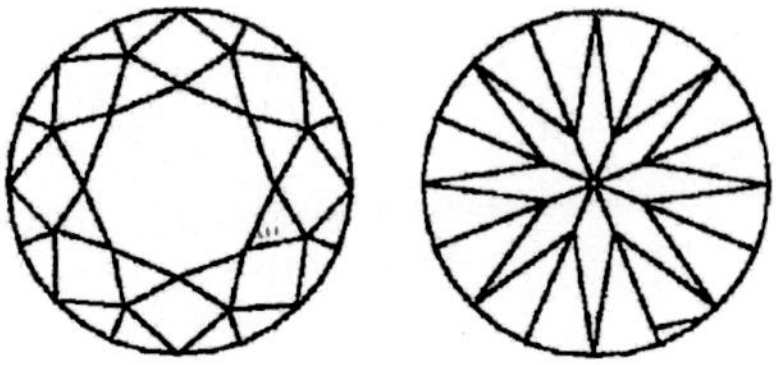

磨损的刻面棱和额外刻面

IF

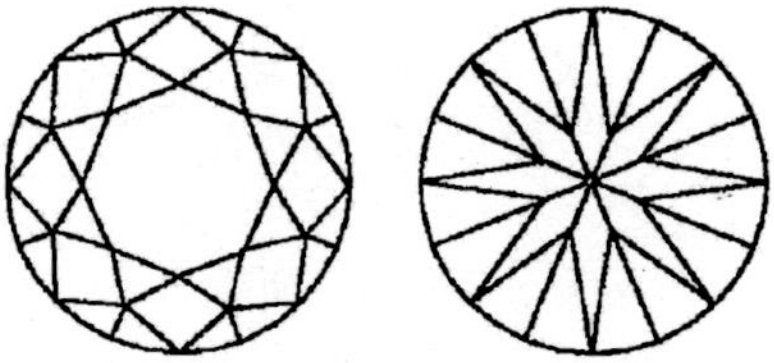

原晶面和磨损的底尖

FL

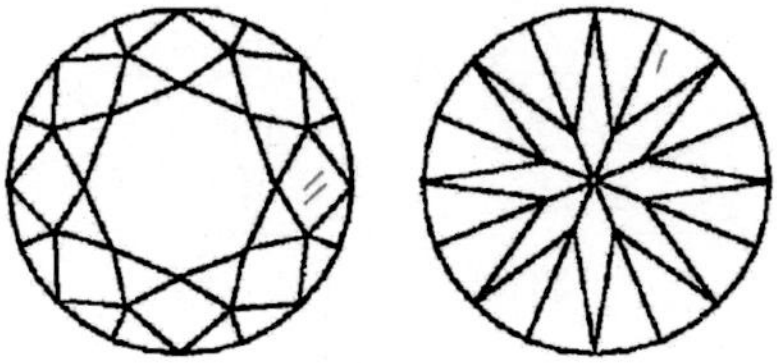

较小的划痕

IF

- 极轻微瑕（VVS）

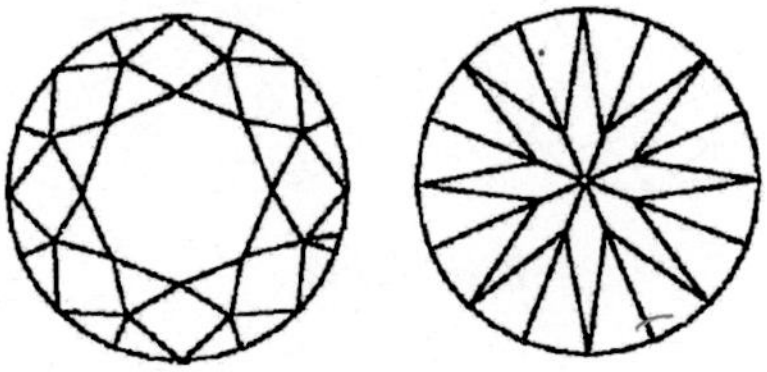

针点、原晶面、额外刻面

VVS1

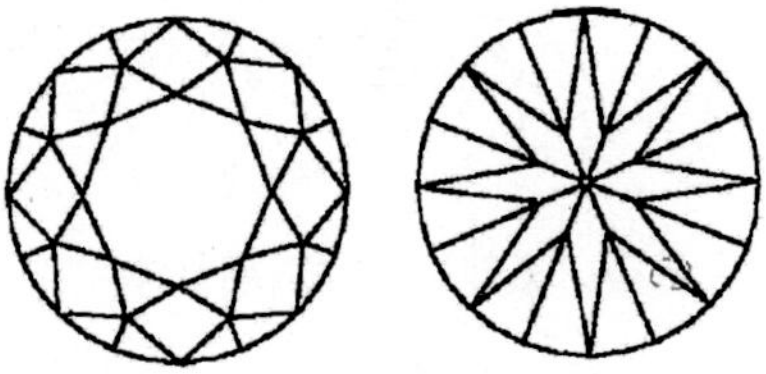

较小的云雾

VVS1

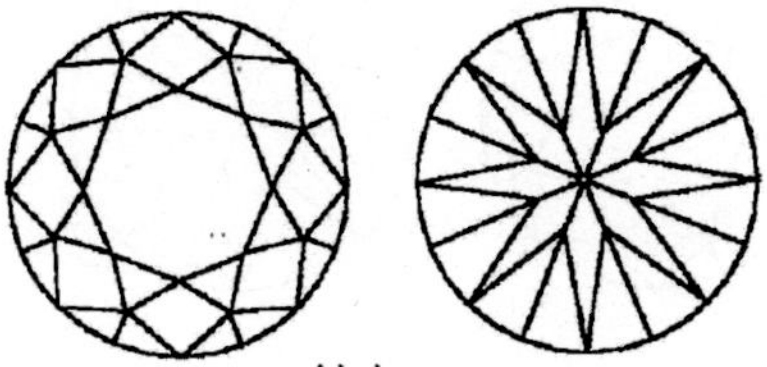

针点

VVS2

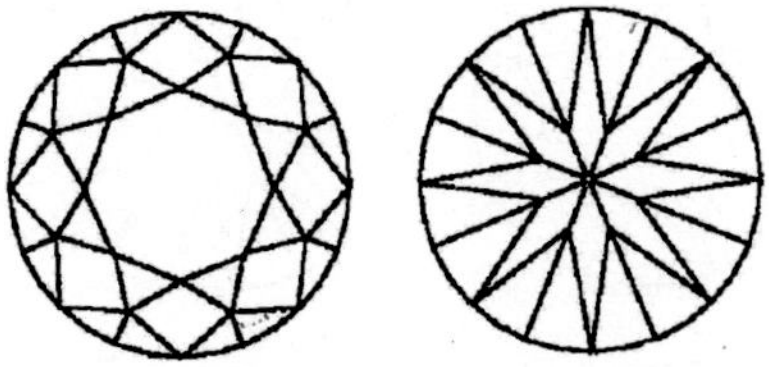

较小的胡须、小针状体、原晶面

VVS2

- 轻微瑕（VS）

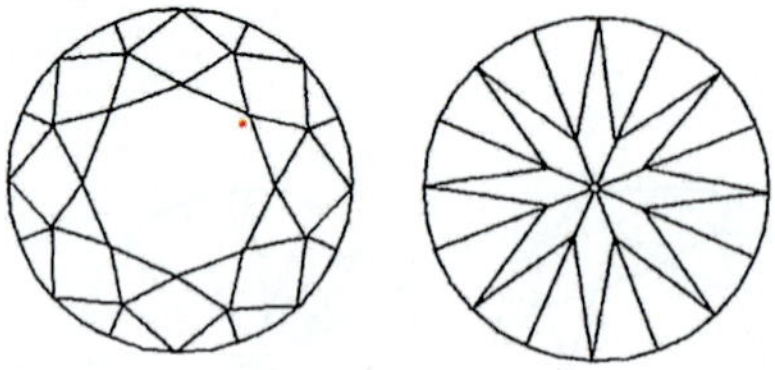

晶体

VS1

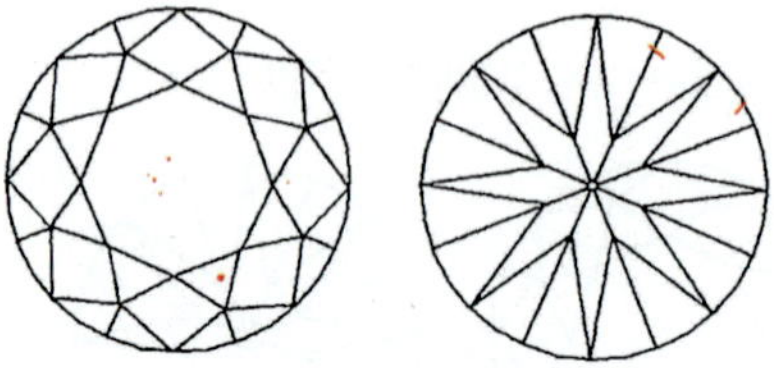

晶体、羽状体、针点、原晶面

VS1

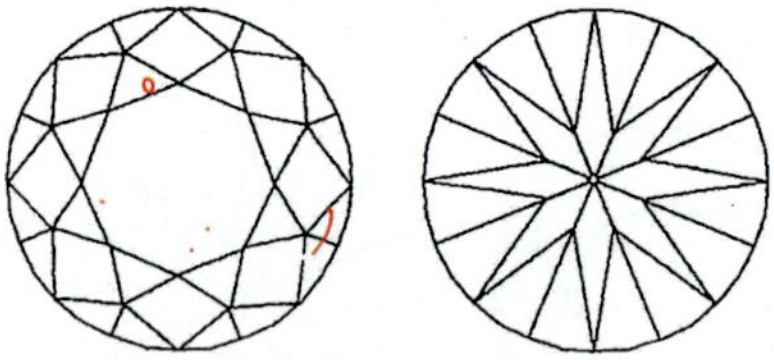

羽状体、晶体、针点

VS2

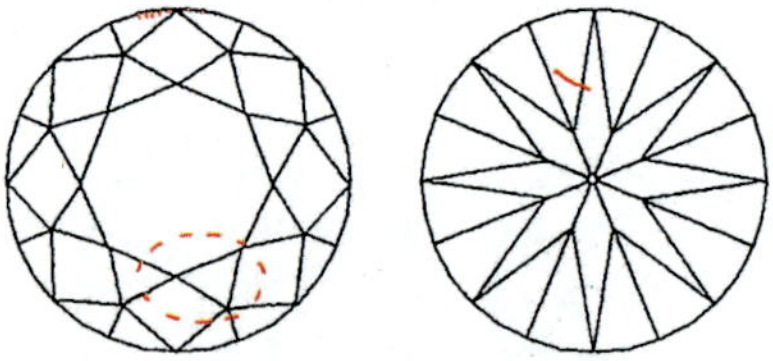

云雾、羽状体、胡须

VS2

- 微瑕（SI）

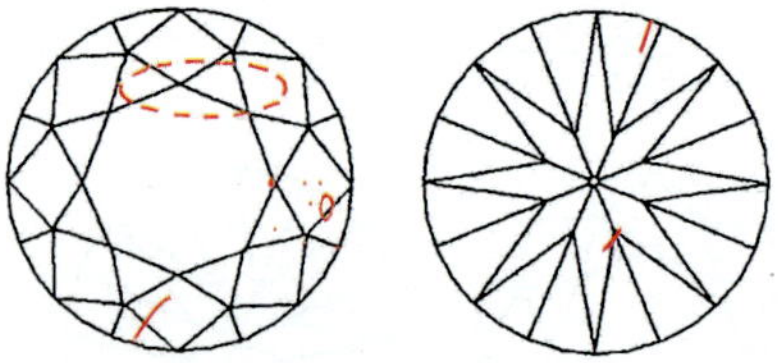

云雾、晶体、针点、羽状体

SI1

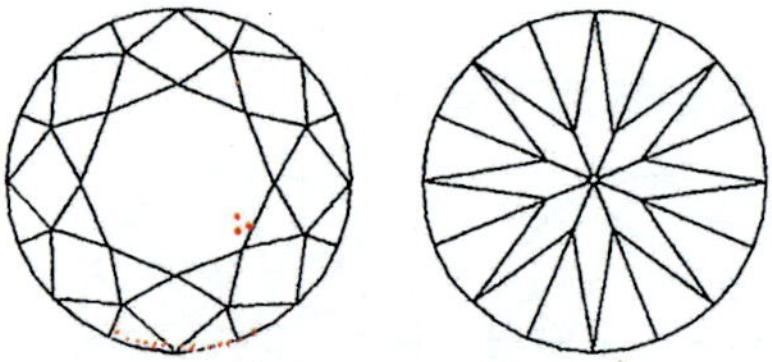

晶体和胡须

SI1

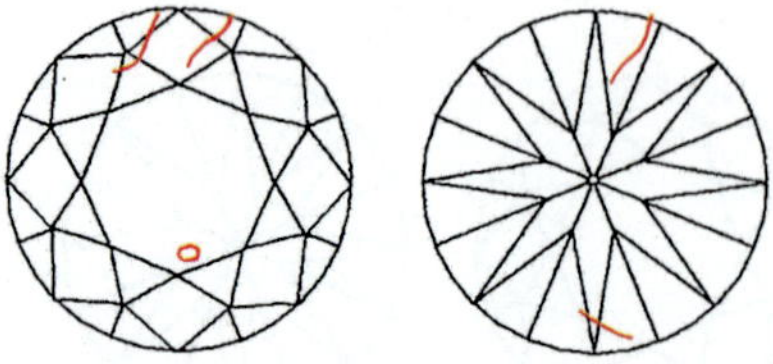

羽状体和晶体

SI2

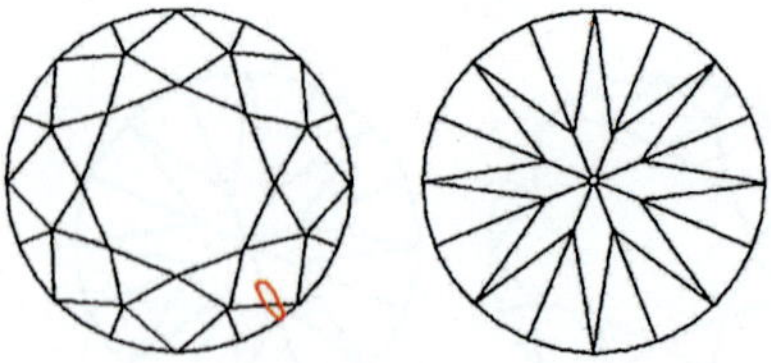

近腰棱的暗色晶体

SI2

- 瑕（重瑕）（I）

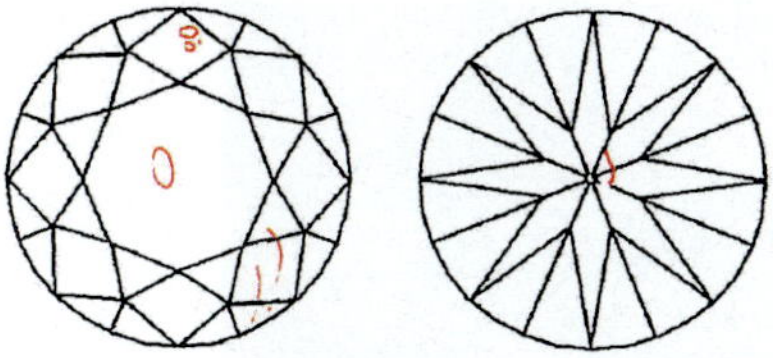

羽状体和晶体

I1

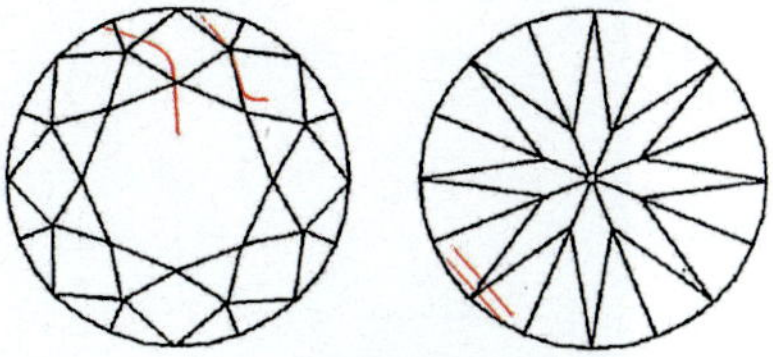

解理和羽状体

I1

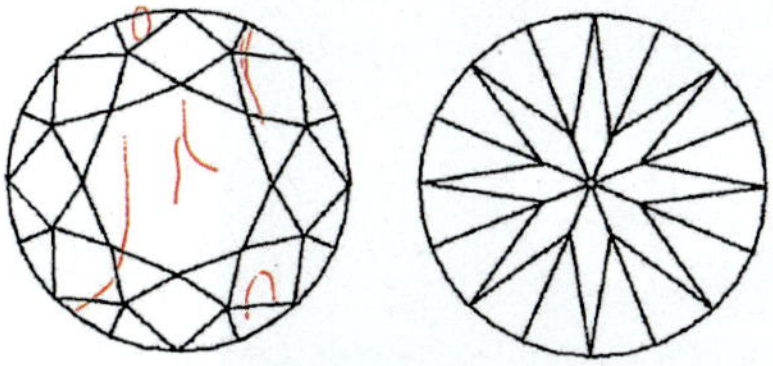

羽状体和晶体

I2

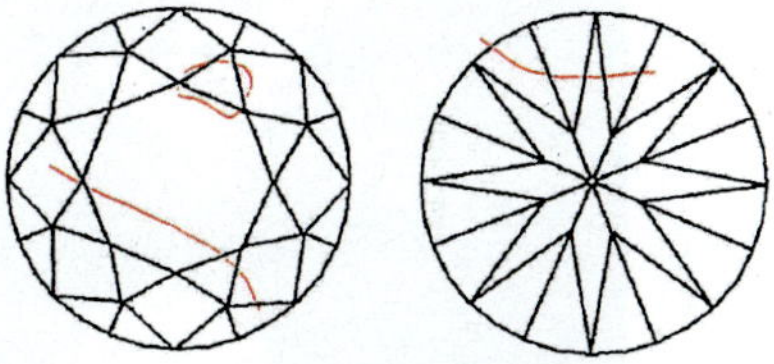

羽状体和晶体

I2

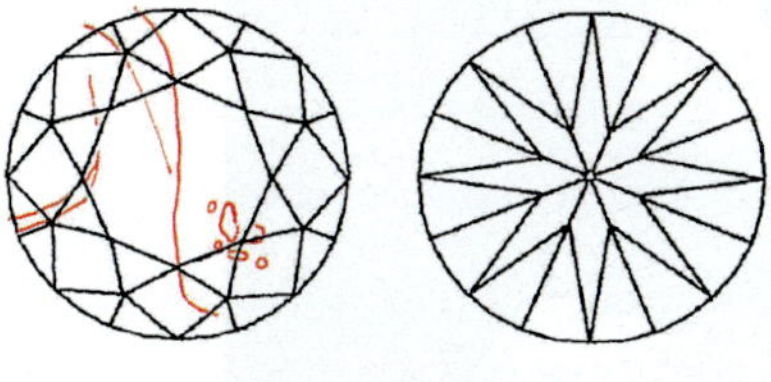

羽状体和暗色晶体

I3

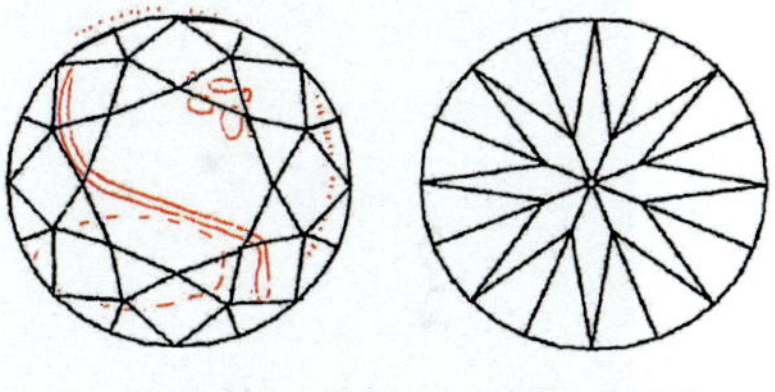

羽状体、晶体、云雾、胡须

I3

请注意，以上这些图只是一个指南。

- **已镶钻石的净度分级**

因靠近钻石腰棱的包裹体很容易被镶座所掩盖，故已镶钻石无法进行精确的净度分级。

（版权所有）戴比尔斯

第四章 切 工

切工是根据以下要素分级的：

(1) *形状*——钻石的外形和刻面的分布；
(2) *比例*——钻石不同部分和腰棱直径之间的相互关系；
(3) *修饰*——钻石外形的精确度和钻石刻面的排列情况。也包括抛光质量。

● 明亮琢型

钻石最流行的琢型是标准圆形明亮琢型。理想比例明亮琢型的 57 个刻面以彼此之间呈特定角度切磨的。标准圆形明亮琢型钻石的轮廓是圆的，冠部有 33 个刻面，亭部有 24 个刻面。亭部的底终止于一个称为底尖(culet)的尖端。底尖也可磨成一个小的刻面，使刻面的总数达到 58 个。

冠 部	亭 部
1 个台面	1 个底尖刻面(如果有的话)
8 个星刻面	8 个亭部主刻面
8 个冠部主刻面	16 个下腰刻面
16 个上腰刻面	
总计 33 个	总计 24 或 25 个

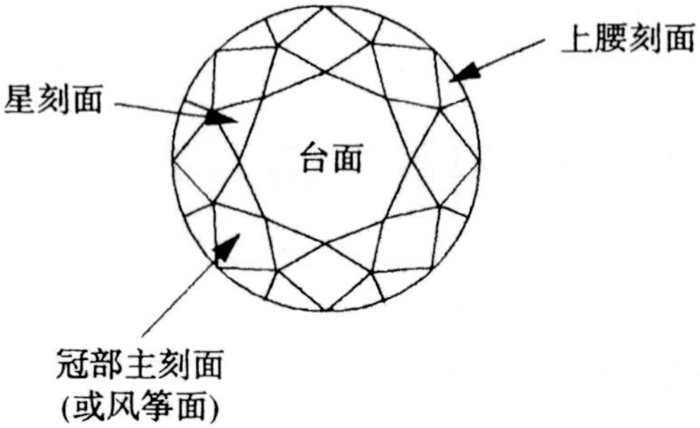

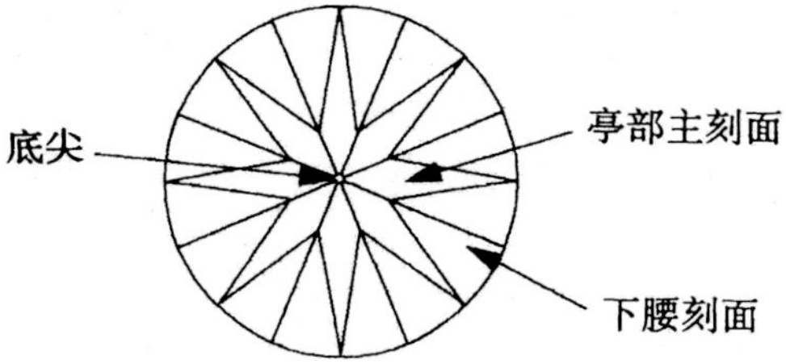

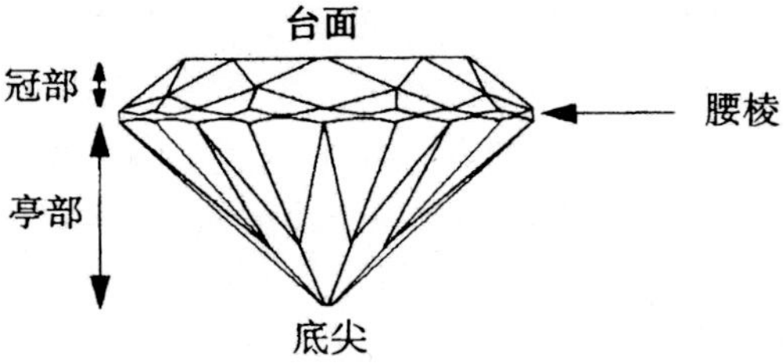

- *亮度*（Brilliance）或称鲜活度（life）——透过冠部刻面看到的光从宝石反射导致的明亮程度。这是光从亭部刻面和从冠部刻面表面反射的结果。

- *火彩*（fire）——指白光穿过切磨宝石倾斜刻面时分解为其光谱色的现象。钻石、钛酸锶和合成莫依桑石以火彩强著称。

● 钻石的理想比例

在明亮琢型的设计中，刻面角度被设计成能产生最大亮度和火彩。亭部刻面和腰棱之间的夹角是最重要的，因为它控制了来自背刻面的反射光线产生的亮度。所以，该角度必须正确以产生最大的内反射。对于钻石，为实现这一点，亭角应接近41°。虽然说是“理想切工”，但不同琢型在比例上还是有变化的。

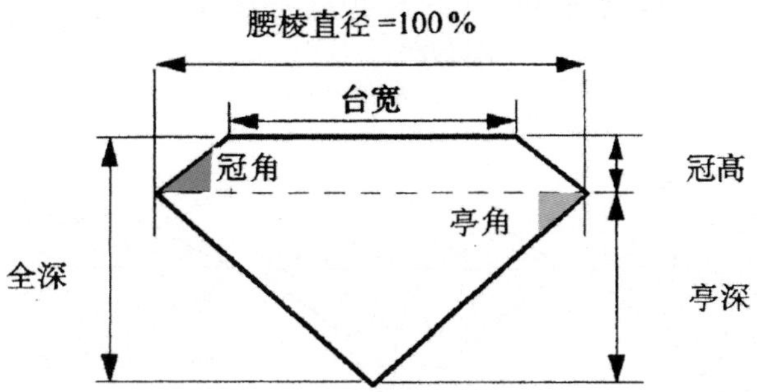

圆形明亮琢型的比例指标

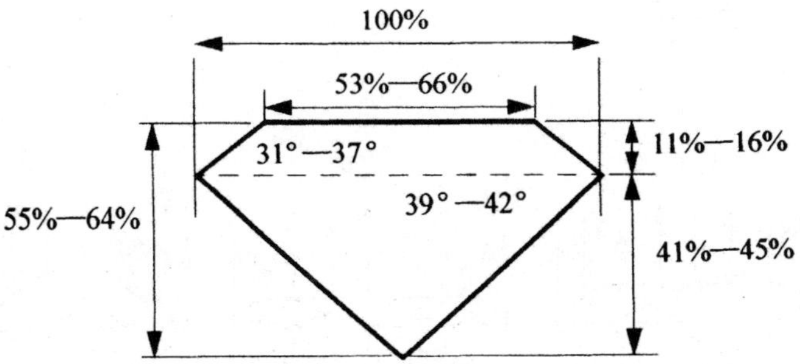

图示切工好的现代圆形明亮琢型钻石的允许比例范围

指标	一般	好	一般
冠角	27°—31°	31°—37°	37°—41°
亭角	38°—39°	39°—42°	42°—43°
台宽	67%—70%	53%—66%	51%—52%
冠高	9%—11%	11%—16%	16%—18%
亭深	40%—41%	41%—45%	45%—47%
全深	53%—55%	55%—64%	64%—67%

如果亭部太深或太浅，光将从背刻面漏出从而降低亮度。

(a)理想　(b)浅　(c)深

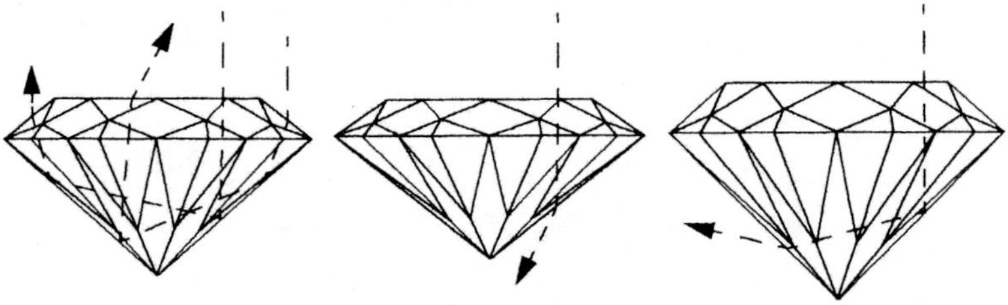

光最大返回　光从背刻面漏出

改变冠角或冠高就会改变台面大小，从而改变钻石中所看到的亮度和火彩的均衡关系。

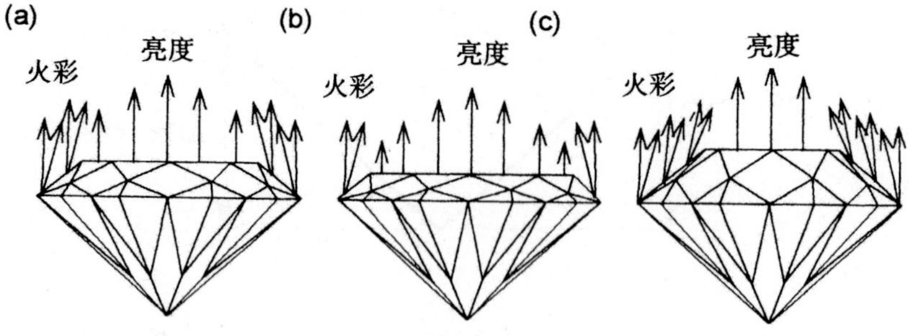

理想　薄钻石：大台面，浅冠部　深冠部，小台面

大的台面和浅的冠部(b)将显示较强的亮度，而深的冠部和小的台面(c)将显示较强的火彩。

● **圆形明亮琢型的变种**

在所有琢型中，理想比例的变化可能取决于原石的状况。譬如，为从形状古怪的晶体获得最大的成品钻，或如若原石的颜色很深或很浅，那么，原石就可能被切磨成比理想比例浅或深，以尽可能多地保持重量。突出包裹体的存在常决定了钻石的琢型。

明亮琢型有许多改型，包括外形的改变，如蛋形、梨形（也称水滴形）、马眼形（橄榄形、舟形）、心形、变型方形或长方形（商贸中也称“公主琢型”）和坐垫形。

术语“花式”（异形）常用于描述除圆形外所有其他形状。

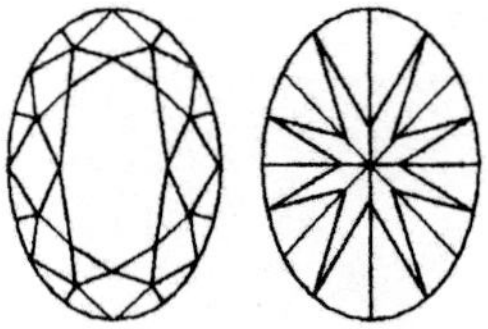

蛋形明亮琢型

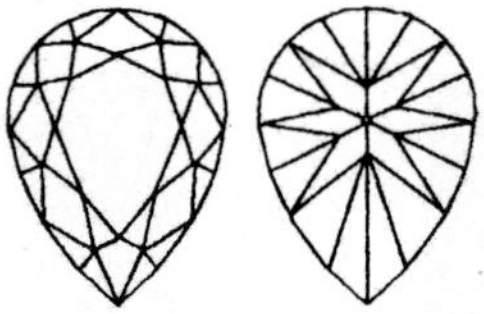

梨形明亮琢型

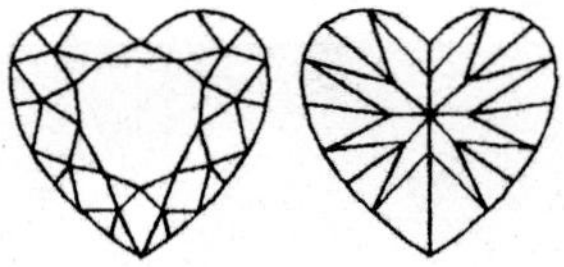

心形明亮琢型

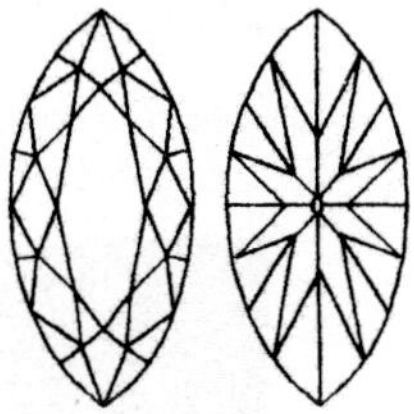

马眼形明亮琢型

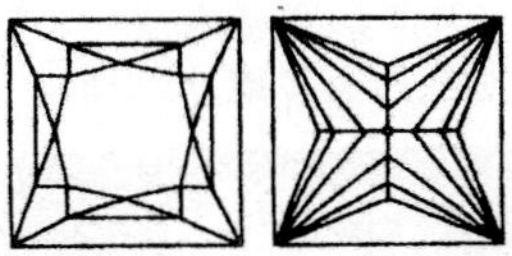

方形明亮琢型（公主琢型）

● **阶梯琢型**

包括祖母绿琢型和阶梯琢型。阶梯琢型不像明亮琢型能产生强的火彩和亮度，所以其中包裹体或色调通常要显眼得多。因而，祖母绿琢型的较大钻石理应是质量和对称性好的。

圆形明亮琢型
（版权所有）戴比尔斯

蛋形明亮琢型
（版权所有）戴比尔斯

梨形明亮琢型
（版权所有）戴比尔斯

心形明亮琢型
（版权所有）戴比尔斯

马眼形明亮琢型
（版权所有）戴比尔斯

变型方形明亮琢型（公主琢型）
（版权所有）戴比尔斯

祖母绿琢型
（版权所有）戴比尔斯

玫瑰琢型和老琢型
（版权所有）Stationery Office

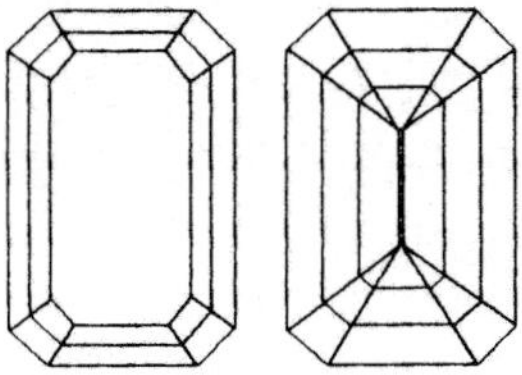

祖母绿琢型

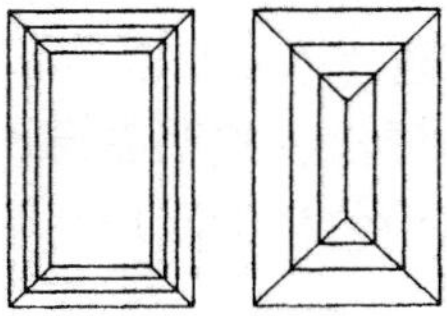

细长形琢型

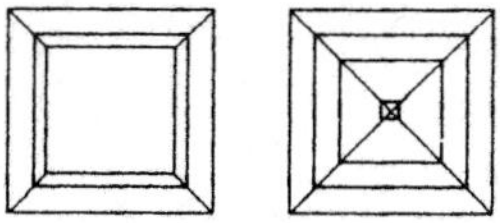

方形琢型

● 其他琢型

用于小钻石的一种常见琢型是单琢型或八面琢型。它由冠部的 1 个台面和 8 个刻面及亭部的 8 个刻面组成。圆形单琢型是由 17 世纪采用的类似琢型演化而来的。

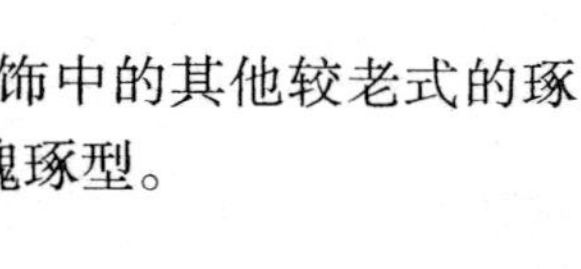

单琢型（八面琢型）

常见于古典珠宝首饰中的其他较老式的琢型有老矿琢型(老矿工琢型)、老欧洲琢型和玫瑰琢型。

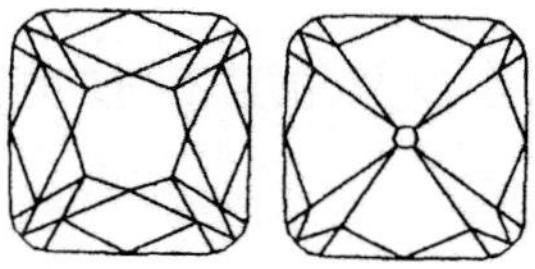

老矿琢型

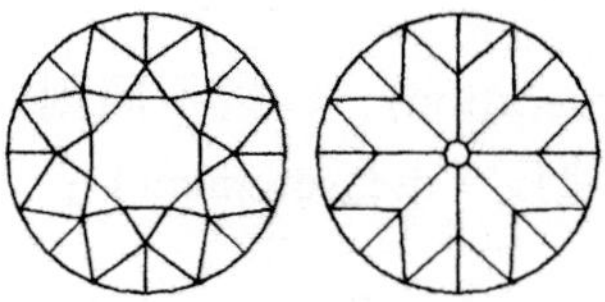

老欧洲琢型

玫瑰琢型钻石有一个由若干三角形刻面组成的圆顶。这种琢型省料，能很好地利用扁平晶体和劈钻。玫瑰琢型钻石可充分显示金刚光泽，这是因为光泽没有被明亮琢型特有的亮度和火彩所掩盖。玫瑰琢型有若干变种，其中包括泪滴形（水滴形）玫瑰琢型。

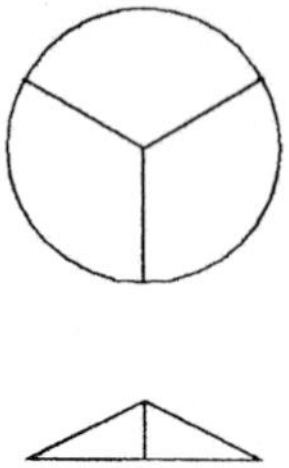

三刻面玫瑰琢型

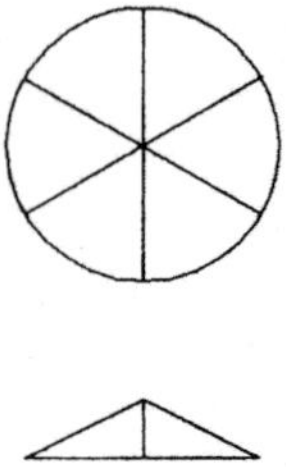

六刻面玫瑰琢型

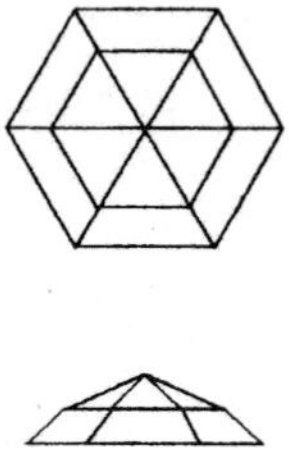

安特卫普玫瑰琢型

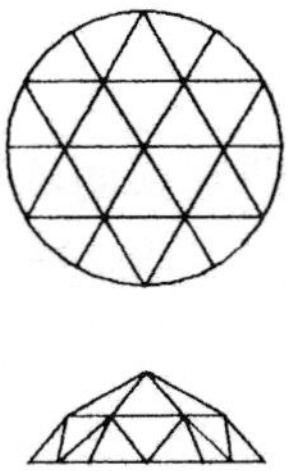

荷兰玫瑰琢型

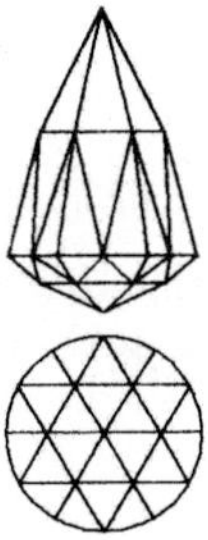

泪滴琢型

这些只是可能琢型中的一小部分。

● 切磨质量

我们可按以下三项来描述切磨质量：

比例 (proportion)——指不同刻面的大小以及角度之间的相互关系(有时也称为量度（measurement))；

对称性 (symmetry)——指钻石的对称外观，如圆形钻石台面和底尖的居中程度；

抛光 (polish) ——指抛光的质量。

比例

比例可分解为以下几方面:

- 腰棱直径
- 台面大小
- 底尖大小
- 腰棱厚度
- 冠角
- 亭深百分比——亭角

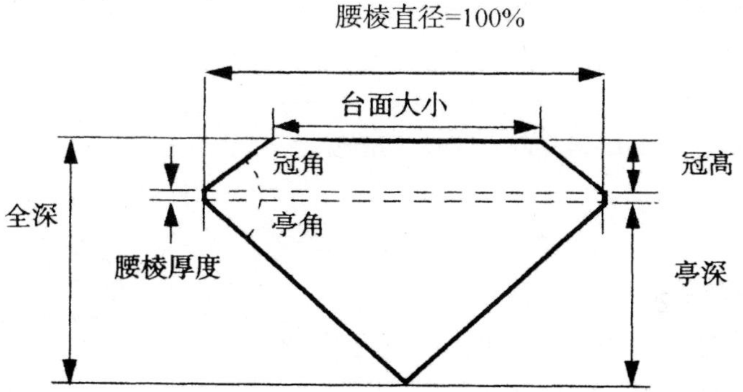

圆形明亮琢型钻石的比例

● 腰棱直径

腰棱尺寸在比例描述中是基本的。这是指圆形钻石最小和最大直径的平均值或花式（异形）钻石的宽度。

● 台面大小

为确定冠部被台面覆盖的比例，需用台面量规得出精确读数。要如下图所示从尖到尖地度量；把台面的最大尺寸用于计算台面大小。

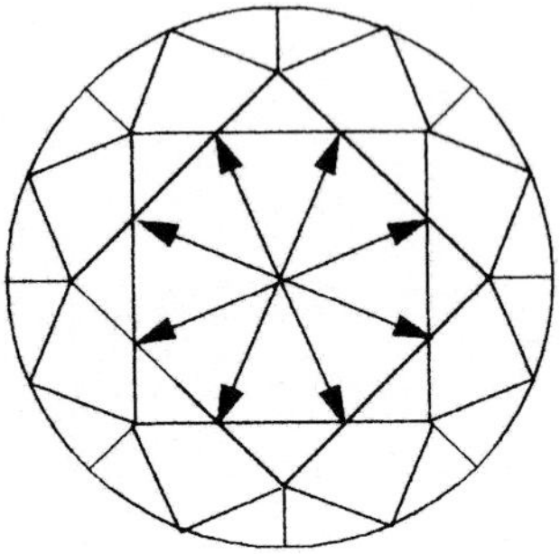

台面量规

每个单位是 1mm。读数应精确到小数点后 2 位，如 2.45mm

将台面最大尺寸换算成平均腰棱直径的百分数。故如果平均腰棱直径 = 4.08 mm

台面大小 = 2.45 /4.08 × 100% = 60%

当观察花式钻石的台面时，台面百分比是指台面宽度与腰棱宽度（不是长度）的比例。

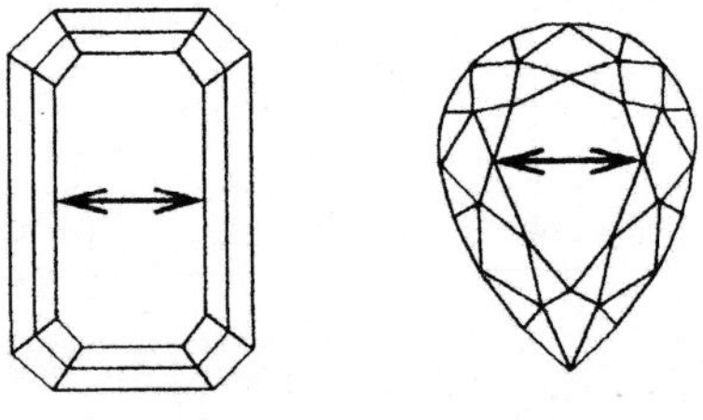

为估计台面百分比,我们可以利用所谓的弧度法（bowing method）。这就是观察星刻面的总体形状（见下文）。理想的台面大小应接近 60%，但该理想值也随各地的款式而变化。

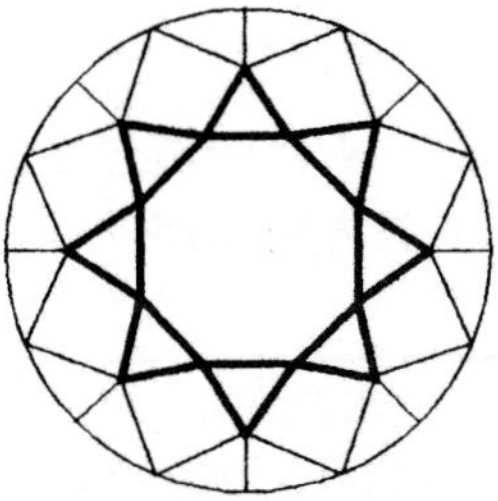

台面约为 53%
小台面

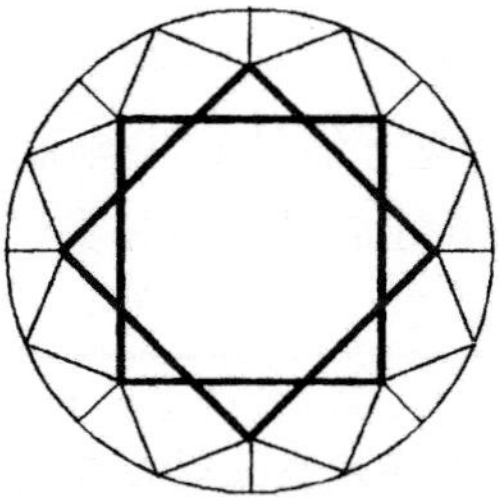

台面约为 60%

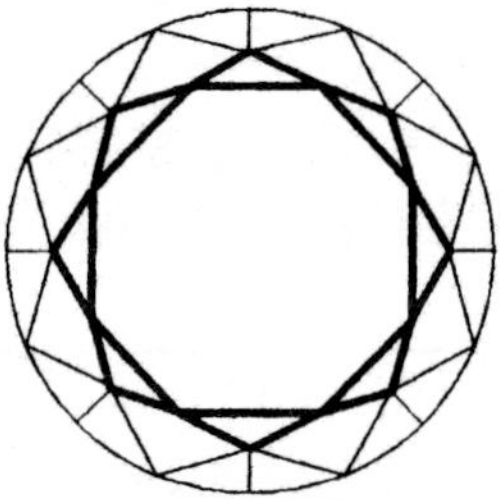

台面约为 67%
大台面

对于具正常星刻面的钻石，即当星刻面的尖位于台面棱与腰棱距离的正中间时，这种估计方法是很有效的。

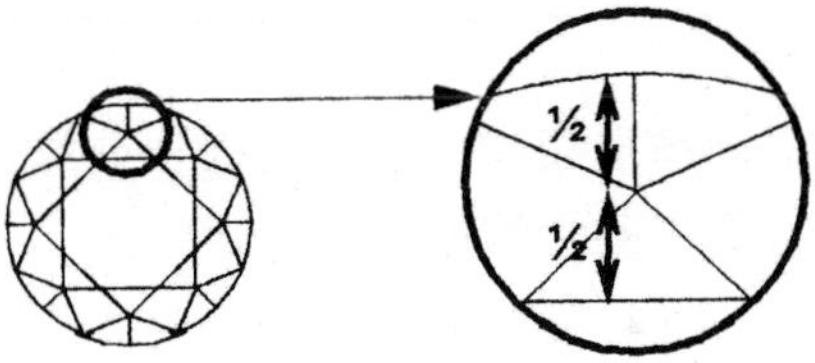

然而，若钻石星刻面偏短或偏长，则须作某些调整。以下的几个例子中，台面大小都在 60% 左右。

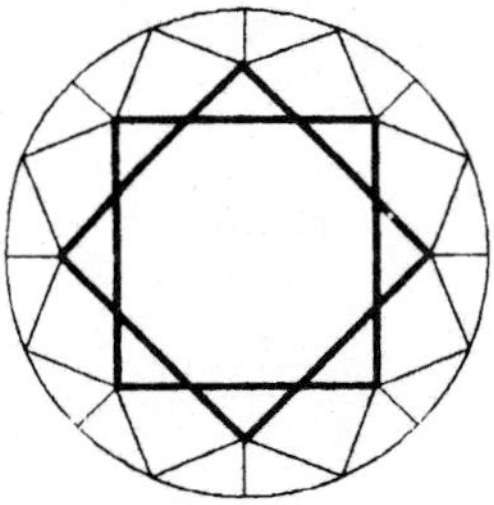

正常星刻面
台面约为 60%

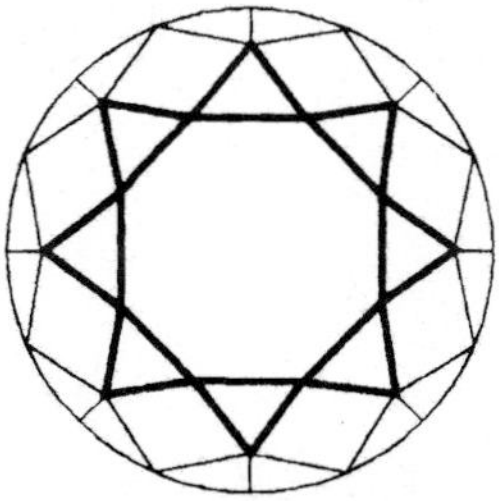

长的星刻面将估计的
数值加上约 1%—6%
（即 53% + 6% = 59%）

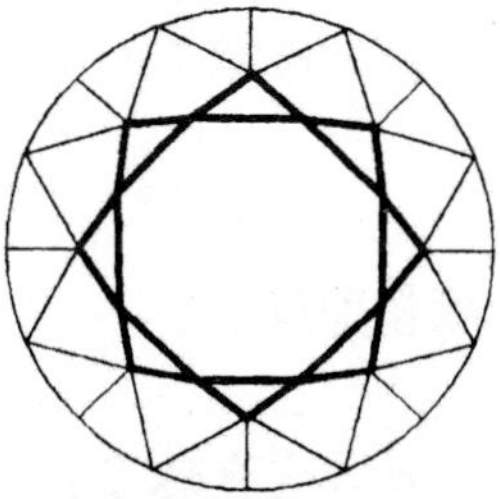

短的星刻面将估计的数值
减去约 1%—6%
（即 67% - 6% = 61%）

● 底尖刻面大小

台面朝上在 10×放大镜下估计底尖刻面的大小。从台面透过钻石观察钻石底部尖端，即亭部刻面相交的底尖处。以下为方法指南。

无（none）	没有，或在 10×放大镜下为白色磨损的尖（尽管这个尖按底尖刻面的大小描述为“无”，但在实践中通常把亭部刻面相交而成的尖称为底尖）
很小（very small）	10×放大镜下几乎看不出
小（small）	10×放大镜下难看出
中等（medium）	10×放大镜下可看出八边形轮廓，肉眼看不出
稍大（slightly large）	10×放大镜下很明显，肉眼几乎看不出
大（large）	肉眼可看出
很大（very large）	肉眼可明显看出
极大（extremely large）	肉眼可明显看出八边形轮廓

如若不在钻石上抛磨出底尖，亭尖会破损或磨蚀。反之，如若钻石上抛磨的底尖大，将产生漏光的窗户。

在某些花式（异形）钻石中，亭部刻面相交而成的底尖呈拉长的有时被称为龙骨（keel）的刻面。与台面大小一样，底尖刻面大小也是按宽度而不是长度来判断。

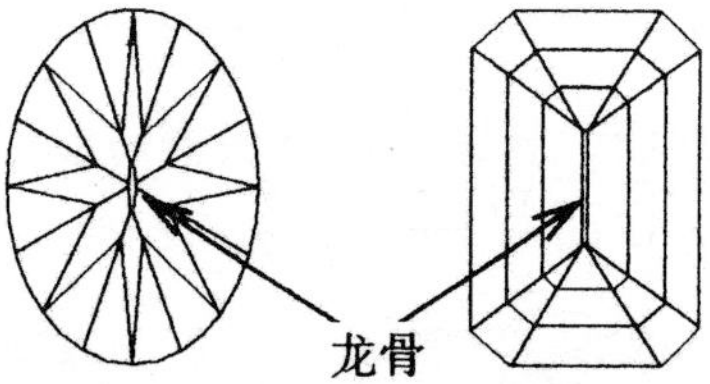

● 腰棱厚度

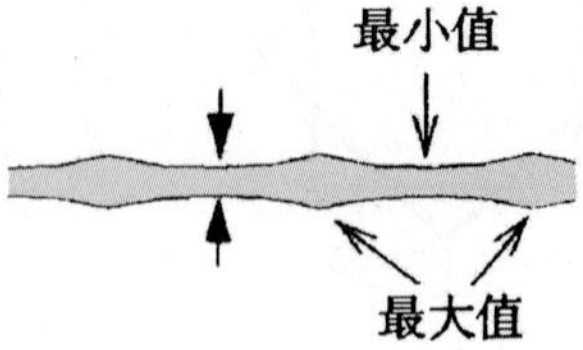

圆形明亮琢型钻石的腰棱环绕钻石呈波状起伏。腰棱厚度是在波谷处度量的，即其最小值（minima）。

因大多数钻石具变化的腰棱厚度，故腰棱应环绕钻石一圈检查。对每一颗钻石，通常都给出腰棱厚度的最小和最大值，譬如，薄到稍厚。

极薄的腰棱有时被称为“刀刃（knife edge）”。这样的厚度是不合要求的，因钻石易沿刃口破损。

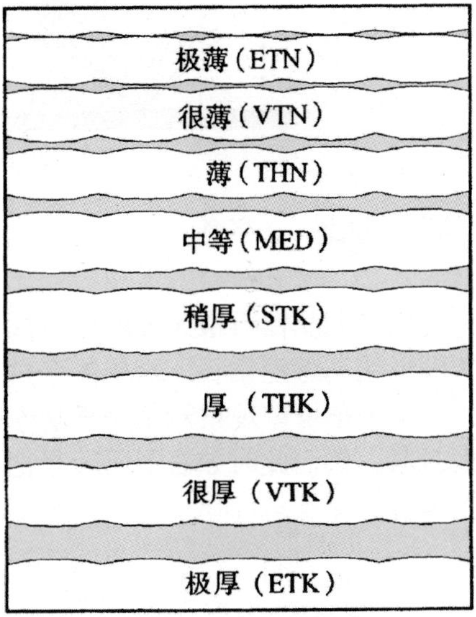

很厚或极厚的腰棱也同样不合要求，这能够保持重量，但相对其克拉重，钻石显小。

右图所举的例子是腰棱厚度的相对大小，只能作为指南。譬如，一颗 1 ct 重钻石的中等腰棱厚度实际上大于一颗 0.20 ct 重钻石的中等腰棱厚度。

关于腰棱条件，请参见第 65 页。

- **冠角**

冠角应为 30°左右。这可通过将一个直角如图所示三等分的方法来估计。

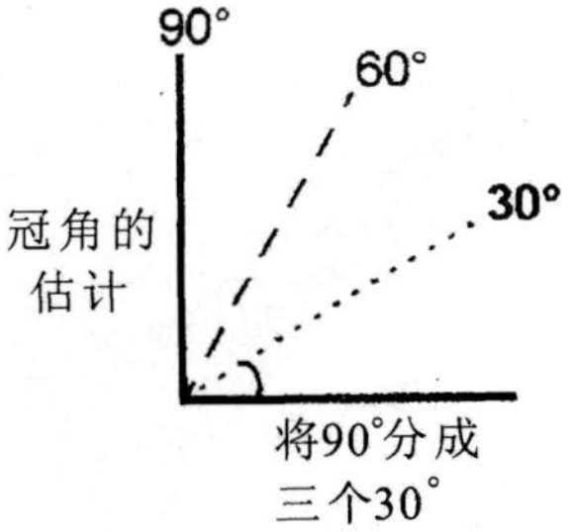

为了观察冠角，将钻石如下图所示夹持住并观察台面与上腰刻面之间的夹角。将这个角度与上图所示的相比较。

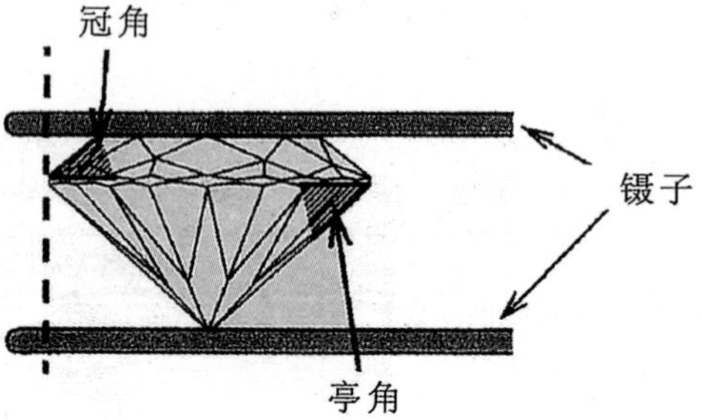

- **亭深百分比——亭角**

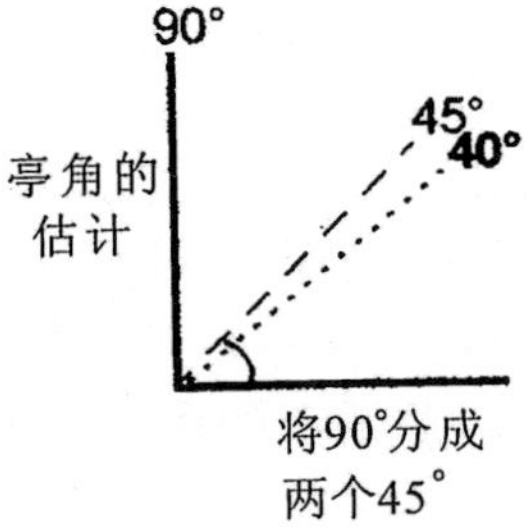

为使光能从钻石最大限度地返回，对于圆形明亮琢型钻石，理想的亭角为41°。这个角可像观察冠角一样从亭部侧面观察。然而此时如右图所示是把直角二等分。

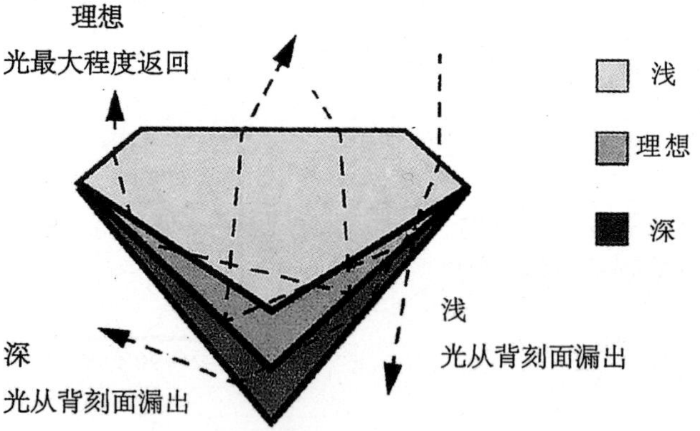

至于亭深百分比，我们可通过 10×放大镜下透过台面观察亭部刻面上的台面映像来估计。对于圆形明亮琢型的钻石，当亭角为 41°时，其亭深百分比应大致为 43%—44% 。这时所看到的台面映像约覆盖台面的三分之一。

亭深百分比为 40%或更少的圆形明亮钻石显所谓的“鱼眼”。这时透过钻石的台面能看到腰棱的映像。

如若亭深百分比超过 48%，钻石将失掉亮度:进入钻石台面的许多光线将从背部刻面漏出而不是返回到眼睛。这将产生一种暗色圆效应，它如下图所示将占台面的很大一个部分，甚至是全部。这一现象有时被称为“钉帽 (nail head) ”。

亭深 37%

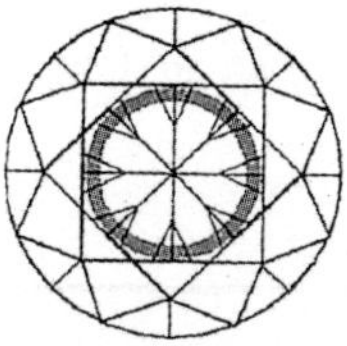

台面中所见腰棱的映像——
“鱼眼”钻石：亭部太浅

亭深 43%

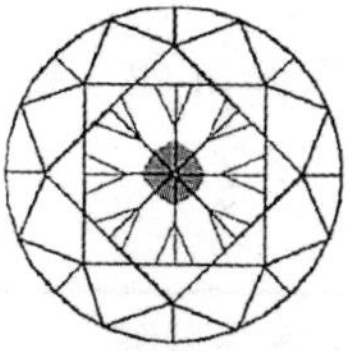

台面映像覆盖了亭部
的三分之一：理想

亭深 47%

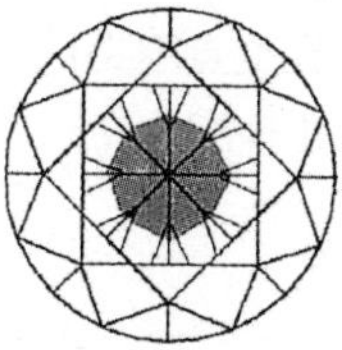

台面映像覆盖了亭部的
三分之二：稍过深

亭深 50%

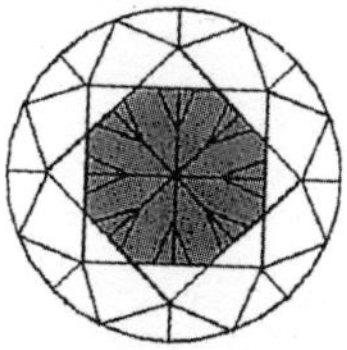

台面映像覆盖了整个
亭部：太深（有时称为“钉帽”）

以上这几个图是估计亭深百分比的指南，图中的阴影部分代表了台面区内可见的在钻石亭部中见到的台面映像。

● 比例仪

以上描述了估计比例的方法。为获得精确的比例，需进行度量。比例仪是进行这种度量的一种途径。

钻石的放大影像被投射到刻有不同比例和角度标尺的活动荧屏上。钻石被固定在夹具中，在荧屏上调整其放大影像，使之与所刻的标尺吻合。

台面直径、冠高和冠角、腰棱厚度、亭角和亭深以及全深均可度量。环绕圆周不同点进行的度量能说明钻石的对称程度。

- **对称性**

钻石的对称性可如下表所示分为主要对称性缺陷和次要对称性缺陷两类：

主要对称性缺陷	腰棱轮廓不圆 台面偏心 底尖偏心 波状腰棱或倾斜台面
次要对称性缺陷	上述任一对称性缺陷，但不严重 刻面未严格相交(刻面交点不尖) 冠部和亭部刻面对得不齐 刻面形状不规则 台面非规则八边形 额外刻面 原晶面

对称性划分为*很好*、*好*、*尚可*和*差*这样几个等级。次要对称性缺陷对分级的影响与主要对称性缺陷相比要小得多。

很好	无可见的对称性偏差
好	只见次要对称性偏差
尚可	有可见的对称性偏差
差	见主要对称性偏差

● **腰棱轮廓不圆**

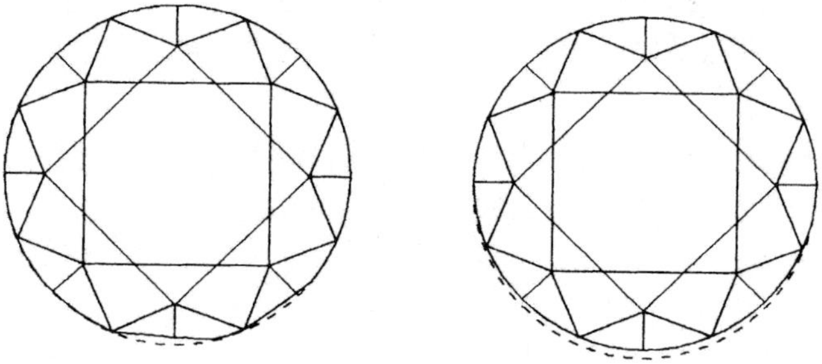

要切磨出非常圆的钻石是很困难的，但腰棱目视时应是圆的。当达不到这个标准时，应描述为*不圆*。

对于花式(异形)钻石，要检查其轮廓是否匀称。

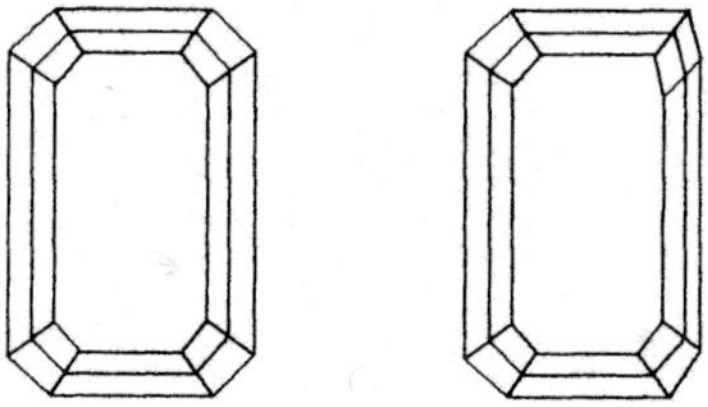

轮廓匀称　　　　轮廓不匀称

● **台面偏心**

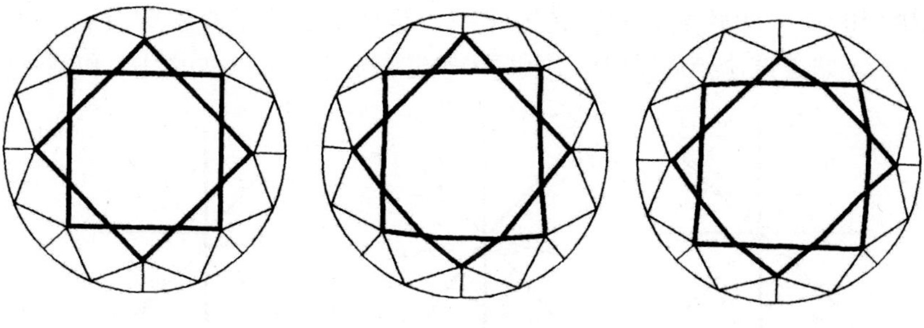

台面居中　　　　台面偏心　　　　台面偏心

钻石台面是否偏心，可从星刻面的轮廓判断出。请参见第 54 页关于弧度法的讨论，同一原则可再次用于这里。如若星刻面所见弧度的程度和方向有如上图所示的变化，那么台面就是*偏心* 的。

在花式（异形）钻石中，可观察冠部刻面。如若钻石一侧的冠部刻面宽于另一侧，那就明确表明台面是偏心的。

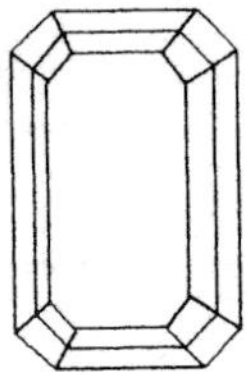

钻石右侧的冠部刻面较宽：
台面是偏心的

- **底尖偏心**

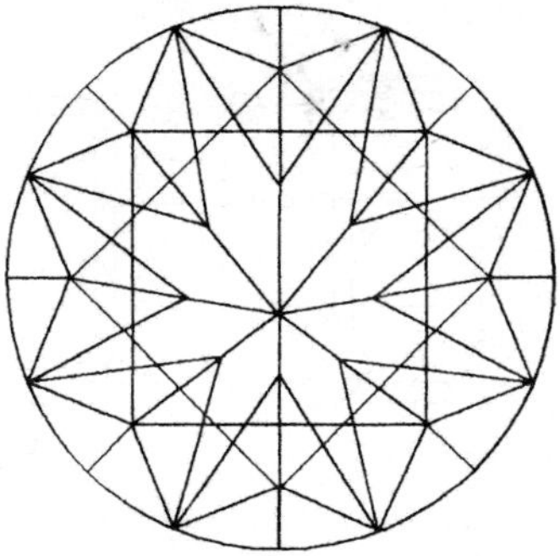

当用 10×放大镜透过台面检查圆形明亮琢型钻石时，观察亭部刻面相交的点，即底尖。如若底尖居中，亭部刻面棱呈直线穿过底尖（如图 a)）；如若这个点不居中，则线折弯或不交于一点（如图 b）和图 c)）。

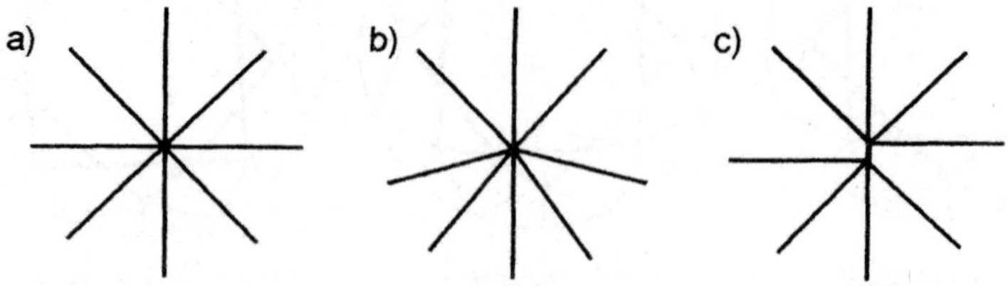

底尖居中　　底尖偏心

对于花式（异形）钻石，可透过钻石台面观察底尖是否明显偏心；但注意不要把台面作为指南。如若台面是偏心的，那即便底尖是居中的，它也不会出现在台面的中心。

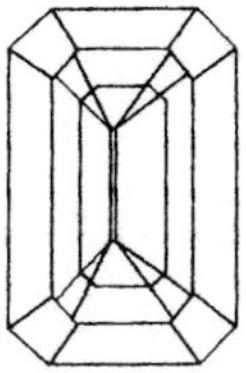

透过台面看到的底尖

如若底尖被包裹体遮蔽，以至透过钻石台面无法看到，或如若你观察的是一颗花式（异形）钻石，你可把钻石台面朝下放在一片白纸上。直接朝下观察钻石，看底尖是否在钻石的中心。

对于圆形明亮琢型的钻石，把它台面朝下放在平的表面上后，可转动并进行观察。如若底尖左右移动即表明它不居中。

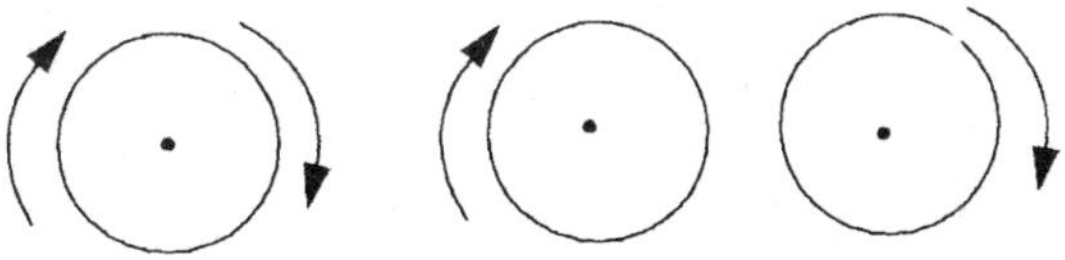

底尖居中
不移动

底尖偏心
左右移动

- **波状腰棱或倾斜台面**

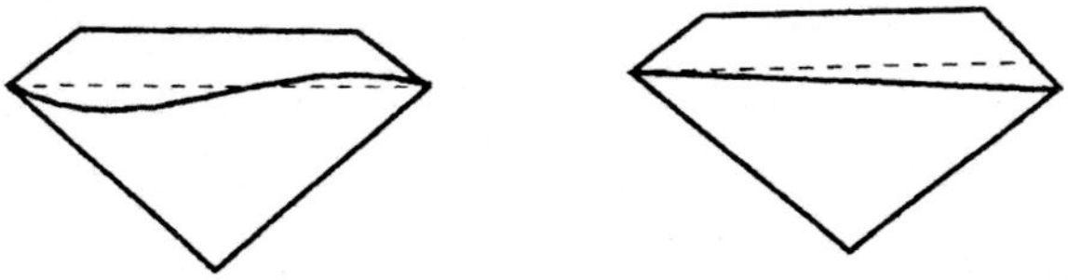

波状腰棱

腰棱和台面不平行
（倾斜台面）

波状腰棱与腰棱厚度变化不是一回事。当绕钻石一圈的各个点上腰棱与台面的距离不均匀时就出现波状腰棱。这从侧面观察看得最清楚。

当台面与腰棱不平行时出现倾斜台面。由于倾斜台面与波状腰棱可能难于区分，故把它们归为一类并视为同一对称性缺陷。

● **次要对称性缺陷**

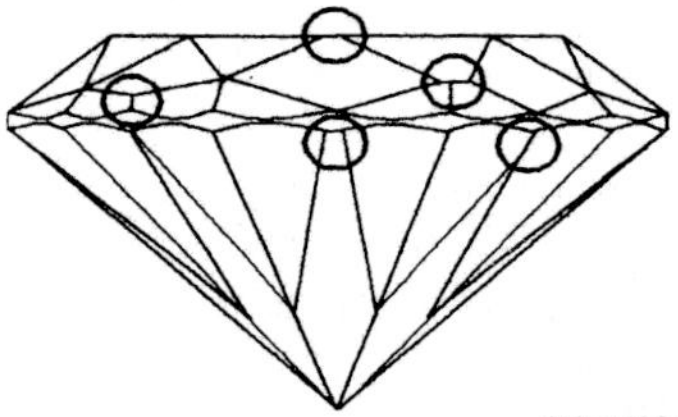
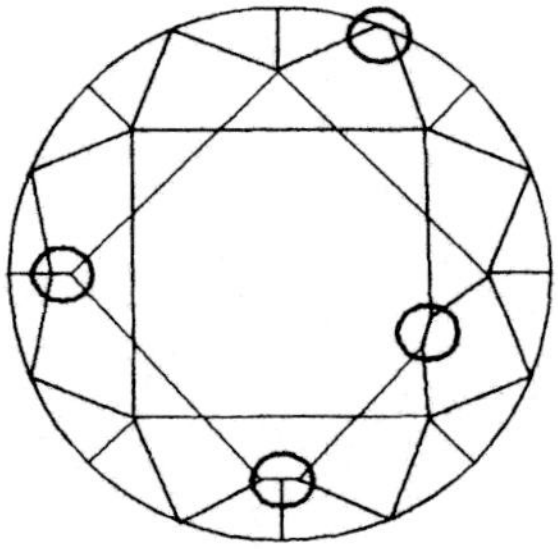

刻面棱未严格相交

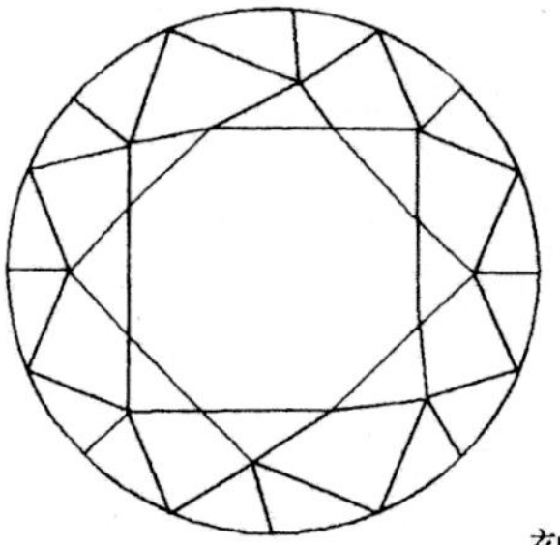
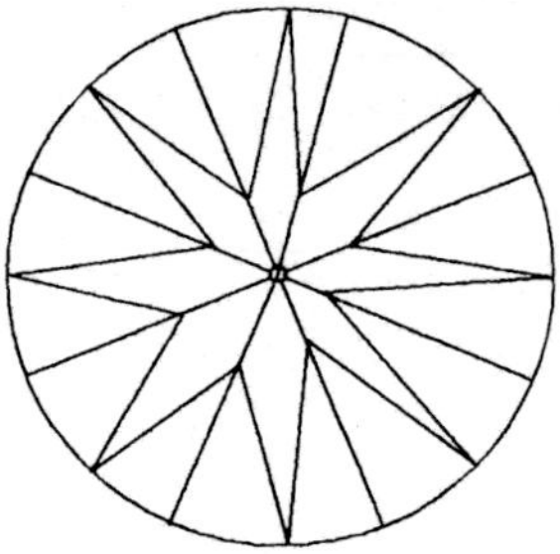

刻面形状不规则

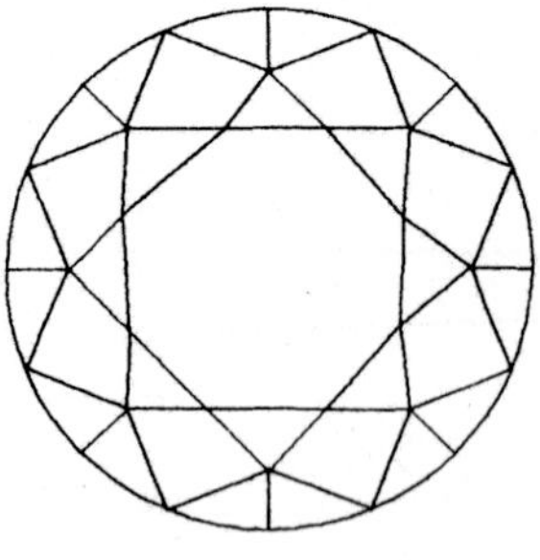

台面为不规则八边形

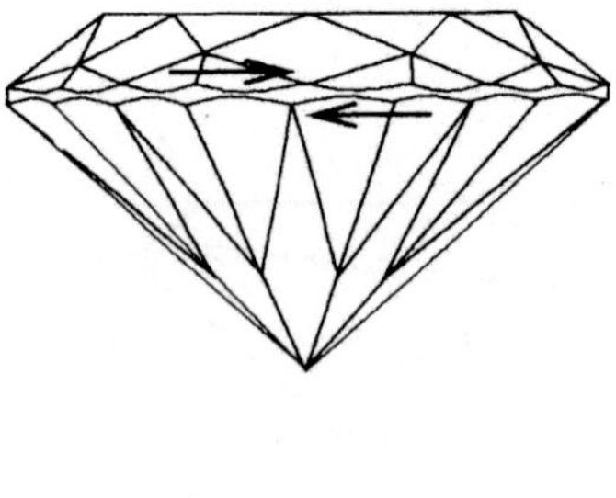

冠部和亭部刻面对得不齐

● **抛光**

抛光质量受如下因素影响：

（1）抛光线——钻石表面在抛光过程中产生的轻微的平行线（在不同刻面上呈不同方向）；
（2）抛磨不当造成的烧痕。

抛光质量可分为很好、好、尚可和差：

很好	10×放大镜下未发现或难发现抛光缺陷
好	10×放大镜下较难发现抛光缺陷
尚可	10×放大镜下易发现抛光缺陷，肉眼可看出
差	10×放大镜下极易发现抛光缺陷，肉眼易看出

抛光质量是钻石切工的一个重要部分。好的抛光是显示最大亮度、强烈闪烁和明显色散所必需的。抛光质量也反映了切磨过程中的技巧和细心程度。

● **腰棱条件**

腰棱条件是指腰棱的修饰，包括粗磨的、刻面的和抛光的。

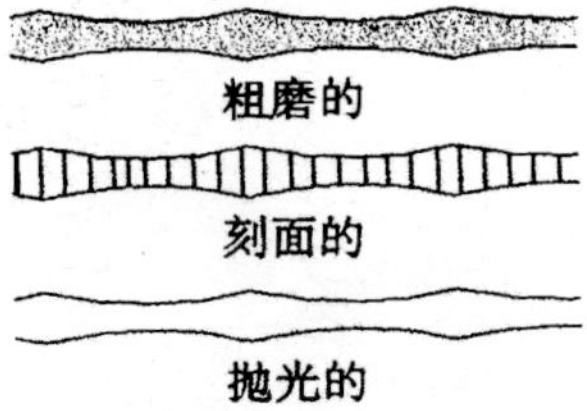

(1) *粗磨的腰棱*——无光泽修饰。可能很粗糙，但如做得好也可十分平滑。
(2) *刻面的腰棱*——许多单个的刻面。
(3) *抛光的腰棱*——平滑、闪光的修饰。

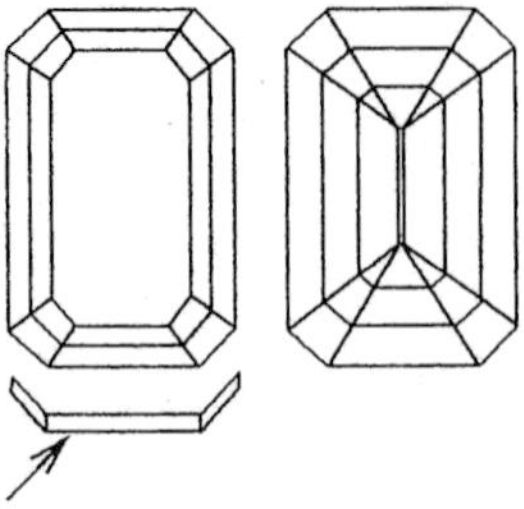

在具直边的花式钻石，譬如祖母绿琢型或公主琢型上，其腰棱绕钻石的宽度被磨成刻面或根本就没有腰棱。

钻石晶体

（版权所有）戴比尔斯

第五章　晶　体

● 晶体样品及其观察

晶体的晶面形状用*晶形*和*习性*来描述。当观察钻石原石时，这些特征是重要的。钻石属立方晶系。

● 晶形

晶形是一套与对称性有关联的晶面。譬如，八面体的晶面构成了一个单形，因为每个晶面与所有其他晶面均以结构对称性相关联。

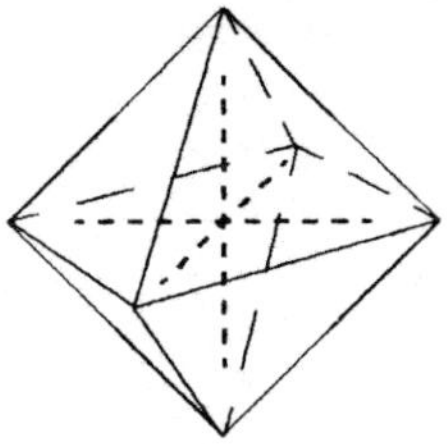

八面体

● 结晶习性

单个晶体或一组晶体的习性是指其总的形状。该形状是由晶体生长中形成的一个或若干个单形组成。

晶体所显示的习性，即单形或若干单形，取决于一系列变量，诸如生成温度、生长速度、痕量元素以及晶体生成后所处的条件。

八面体晶形是钻石很常见的习性。还有一些更复杂的晶形，包括常具圆化晶面的菱形十二面体，以及称为“三角薄片双晶 (macle)”的三角形的双晶。

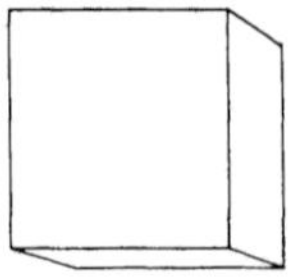

立方体:
6个面

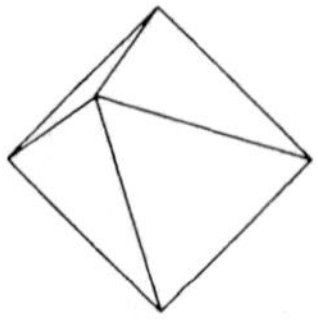

八面体:
8个面

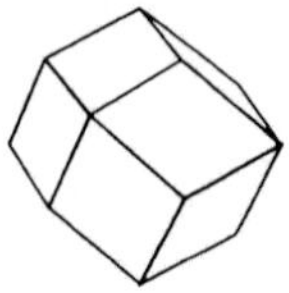

菱形十二面体:
12个面

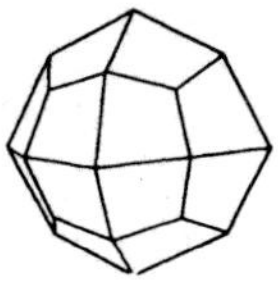

四角三八面体:
24个面

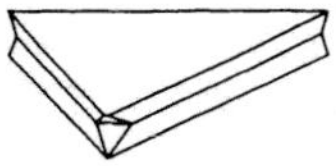

三角薄片双晶:
双晶八面体

● 结晶习性和表面标志

八面体习性

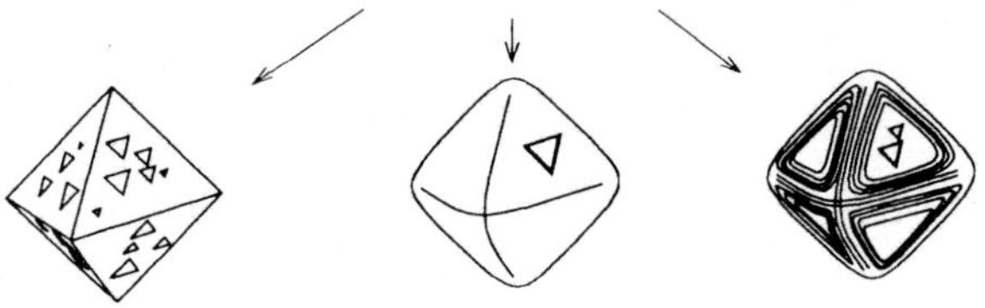

三角薄片双晶

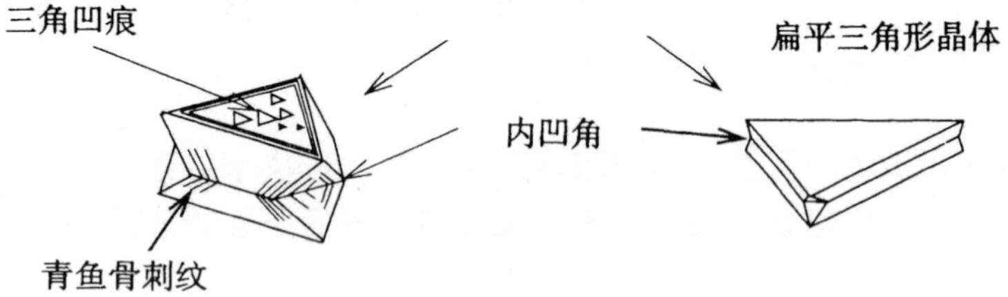

十二面体习性

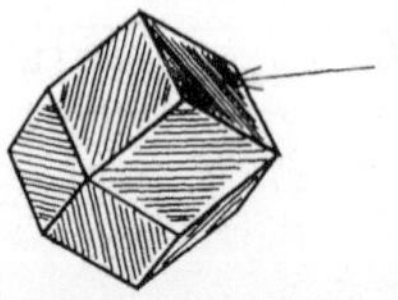

● 不均匀生长

许多晶体会显示"不完好"或不均匀生长。尽管生长不均匀，但晶面间夹角则与完好晶体中所见的相同，因为"不完好"晶体和"完好"晶体中的内部晶体结构是一样的，而晶面夹角受控于内部晶体结构型式。

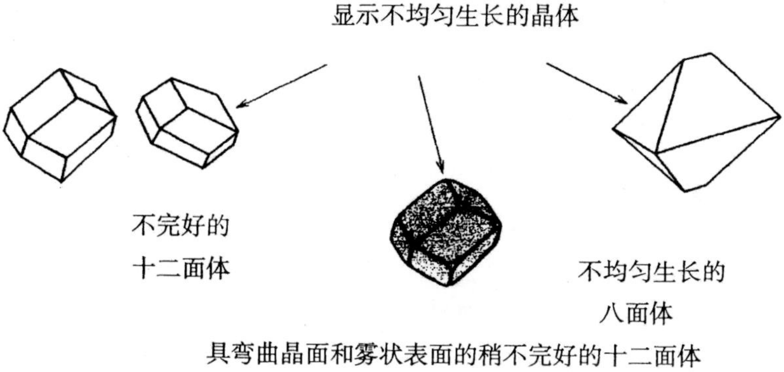

● 解理

在某些晶质材料中，内部晶体结构型式的一种表现是存在界线分明的相对薄弱面。在许多晶质材料中，当以正确方向向它施予足够力量时，晶体结构可平行这些薄弱面裂开并留下或多或少平坦的面。这种由结构控制的特殊类型的裂开称为*解理*。

在所有的键均为等长的钻石中，相对薄弱带平行于某些界线分明的晶体结构面。钻石中的这些主要解理面是八面体方向的:它们平行于钻石晶体的八面体面。沿四组八面体面或"方向"中任一组的解理构成八面体解理。

钻石中的解理被说成是完全的，因为解理面可有很平的表面。

完全解理面可通过一系列非常浅的阶梯来识别，这是沿着不同但平行的原子层发生破裂的结果。

钻石内部所见的解理缝可反射光或遮挡因全内反射而返回的光；所以，它们将显示为镜面状的或暗色的扁平包裹体。解理缝(初始解理)可横穿成品钻石或原石，也可在近表面处呈细线；可能靠近刻面棱，也可能隐藏在已镶钻石的镶爪之下。这种缝也会显示反射晕彩色。

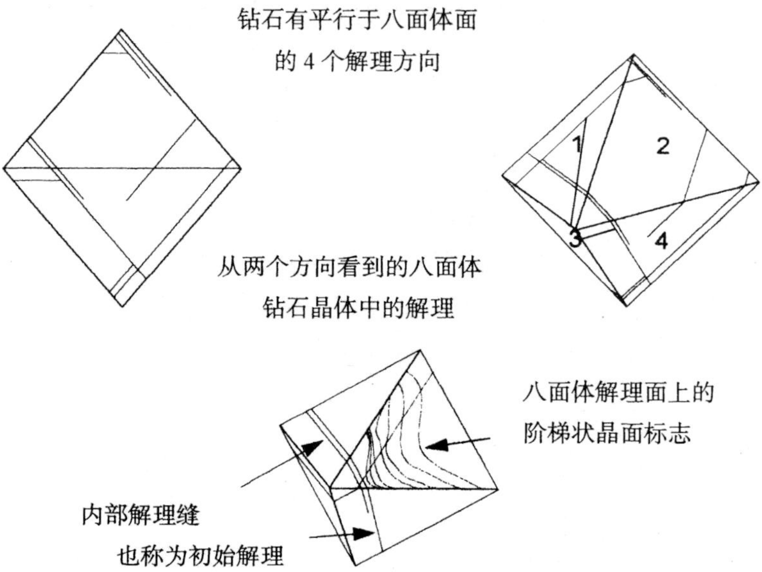

● **断口**

断口是在力的作用下材料出现的随机的无方向性的破裂。

解理只出现在晶质材料中，而断口则可出现在任何宝石材料中，不论它是晶质或非晶质。

玻璃和其他的非晶质材料可在任何方向发生断口，而且断口面不是很平。晶质宝石可在横切解理方向上发生断口。钻石既有解理也有断口。

断口类型

有几种类型的断口。宝石学家通常见到的是贝壳状断口，材料破裂后留下的是与贝类表面的脊相似的同心的、隆起的表面标志。玻璃的断口与钻石、石英、祖母绿以及其他许多宝石一样。

● 双晶

某些晶体可有两个或多个结构上具连续性但互不相同的组成部分。这种有结构方向变化的晶体被说成是双晶。双晶的不同部分以双晶反映面或反映轴相关联，或同时以两者相关联。

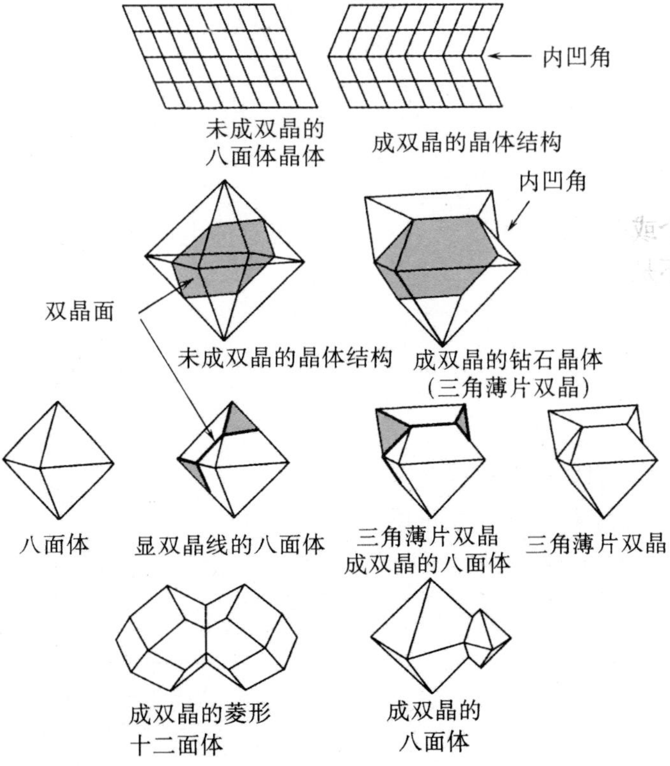

双晶结构可能是由于生长中的偶然性，也可能是由于生长期后受力或温度的变化。

晶面之间具内凹角常可揭示晶体中的双晶现象。

● **多重生长（多重连生）**

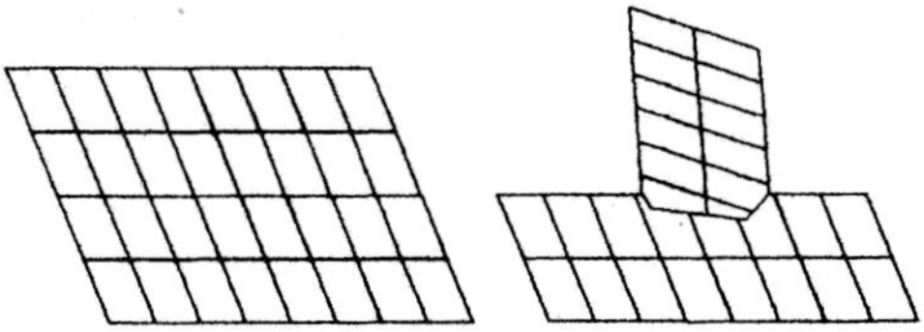

单个晶体结构　　连生的晶体

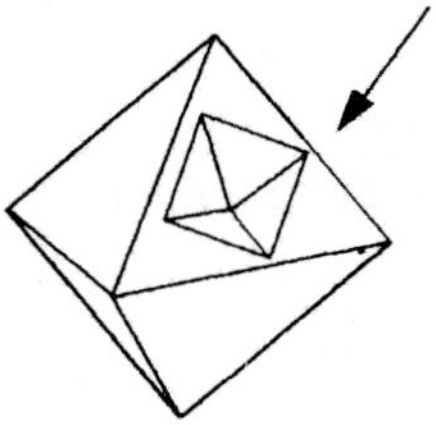

两个或多个晶体可以互不关联的角度穿插生长到一起，称为多重连生。这不是一种双晶。

● **平行生长**

指一个晶体通过生长产生了由两个或更多个晶体沿同一方向长到一起的外观。它们的晶面相互平行，故这些晶体被说成是具平行生长。这不是一种双晶类型。

平行生长

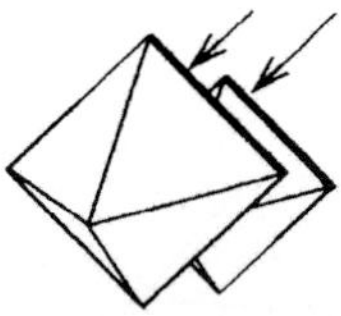

两个或更多个晶体沿同一方向生长

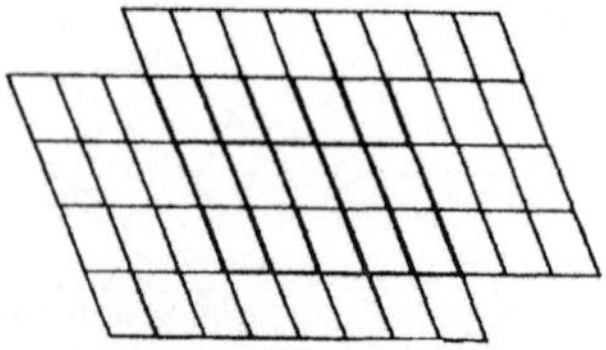

平行生长的晶体结构

● 聚形

当在晶体形状中可清楚地看出两种或多种晶形(单形)的组合时，这几种组合都要描述。

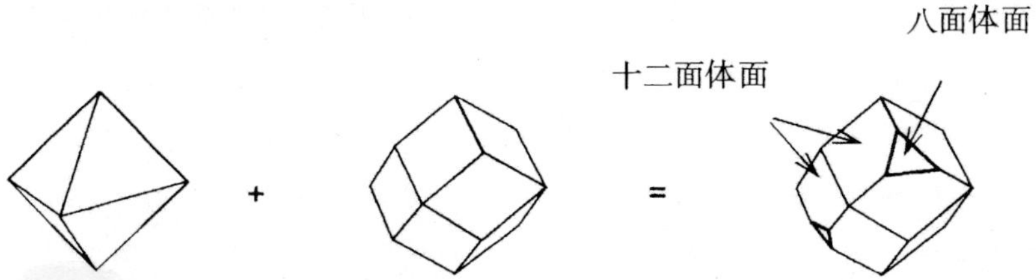

八面体　　十二面体　　八面体和十二面体的聚形

● 表面特征

表面纹理（Surface grain）

晶面上的表面纹理提供了材料内部晶体结构的外部证据。表面纹理也称为 striations（条纹）。

十二面体面上的表面纹理

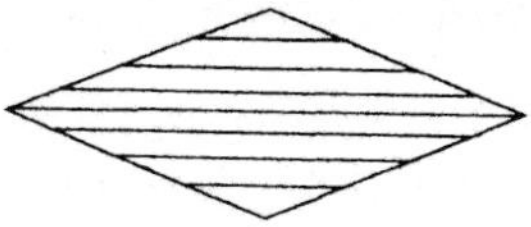

钻石八面体面上看到的表面纹理

三角凹痕（**三角座**）（Trigon）

大多数天然八面体面有侵蚀入钻石表面的小的三角形标志。这些标志称为三角凹痕。

三角凹痕是等边三角形的坑，其大小变化很大，有些相互叠置。通常这些三角形蚀坑的角顶指向八面体面棱。

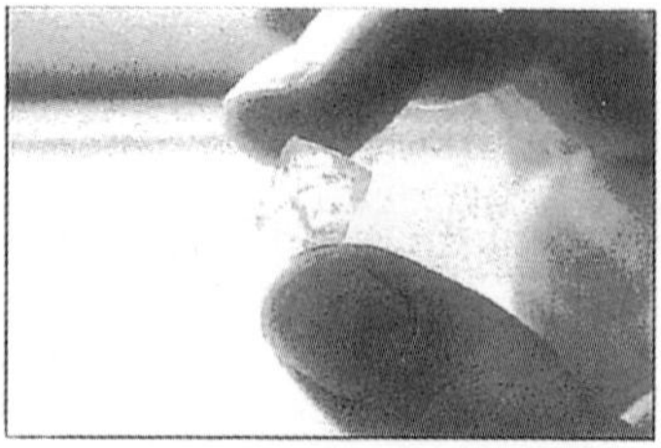

八面体
（版权所有）戴比尔斯

5 个八面体晶体
（版权所有）戴比尔斯

不完全的八面体
（版权所有）戴比尔斯

具圆化腰棱和表面纹理的十二面体
（版权所有）戴比尔斯

具强侵蚀面的不完全十二面体
（版权所有）戴比尔斯

破裂的钻石晶体——劈钻
（版权所有）戴比尔斯

具六边形蚀坑的三角薄片双晶
（版权所有）戴比尔斯

三角薄片双晶
（版权所有）戴比尔斯

三角凹痕是等边三角形的坑，其大小变化很大，有些相互叠置。通常这些三角形蚀坑的角顶指向八面体面棱。

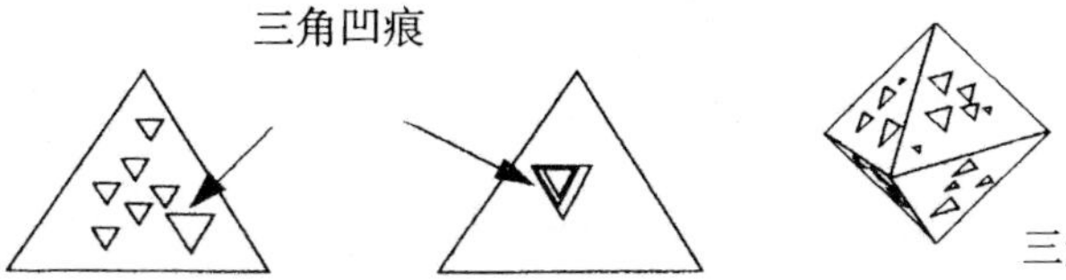

钻石八面体上的三角形标志：三角凹痕

极少情况下，三角凹痕与八面体面棱方向一致。

- **烟幕钻石**

烟幕钻石有一层通常是极薄的半透明的无光泽表面。烟幕层通常见于产自砂矿的钻石。该无光泽表面很容易通过抛光去除。

- **形状、包裹体和颜色的重要性**

宝石级钻石原石的形状与钻石的颜色、包裹体和克拉重都有助于钻石切磨师确定切磨款式和从每个晶体切出的钻石数以及成品率。

譬如，一个完好的只有微细包裹体的八面体可切磨成两个圆形明亮琢型钻石，如果这样切磨能有好的成品率并且原石价格回报最高。好的成品率使成品钻石大致相当于原石重量的一半，也就是说，成品率达到50% 。

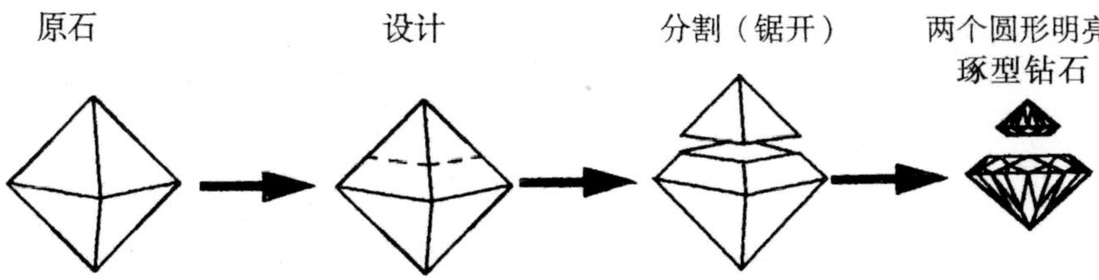

不完全的八面体更适合于切磨花式（异形）钻石如祖母绿琢型。

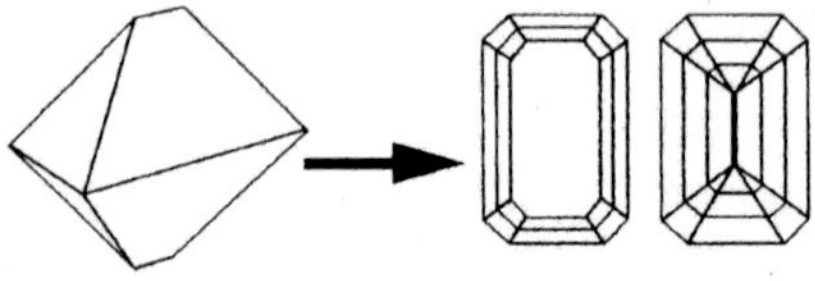

祖母绿琢型

非常扁的晶体，如三角薄片双晶，只能切磨出一颗钻石。三角薄片双晶因双晶结构而非常难切磨。为获得最大成品率，主要的刻面(台面)要靠近八面体面。切磨成花式（异形）会有较好的成品率。

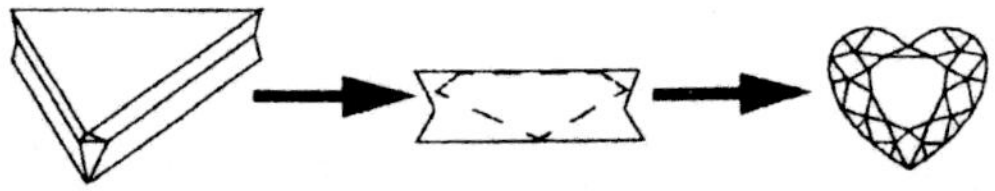

三角薄片双晶　　侧视图　　心形琢型

如若钻石有明显的包裹体，设计师必须决定怎样做才能获得最佳的经济回报。譬如，若包裹体是位于钻石的中心，最好是穿过包裹体所在线将钻石分割开。这样一来，尽管成品率会低一些，但将切磨出大小和净度都大致相同的两颗成品钻石，而不是一颗较小的洁净钻石和一颗较大的含包裹体的钻石。

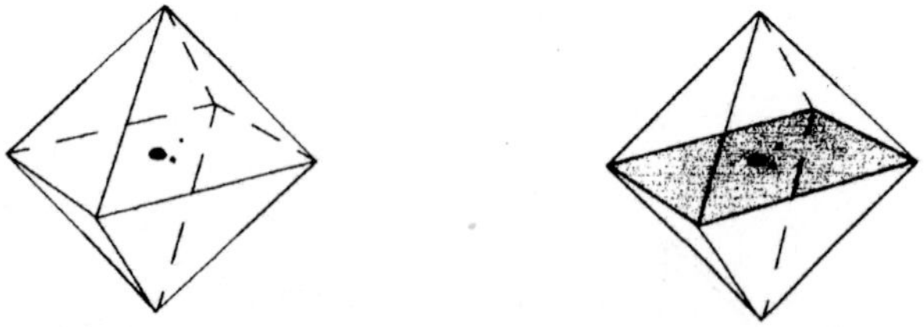

含包裹体的八面体　　穿过包裹体的分割线

在选择切磨款式时还必须考虑颜色。譬如，有些晶体具有只限于表皮的绿色调，而另一些则具通体的黄色调。设计师根据经验可估计切磨后的颜色。不同的切磨会影响钻石最终颜色的显示情况。利用好颜色可获得较好的价格。

原石的整体外观及其形状、颜色、包裹体和克拉重将使我们对最终成品率和质量有个概念。当分选钻石原石和给原石定价或当选购原石时，这是很重要的。

- **观察清单**

形状 (譬如破裂、圆化、玻璃状、晶面)以及可能见到的晶体对称性、晶形和习性。

表面特征——条纹和三角凹痕、青鱼骨刺纹等生长标志；解理面上的“阶梯”；锐度、损伤等边棱特征。

内部特征——裂隙或解理缝，晶体包裹体。

颜色——色调和颜色深度，色斑。

透明度——光线透过钻石的程度：透明、半透明或不透明。

光泽——钻石的表面光辉。金刚光泽是最高的，它出现在“玻璃状”晶体，即晶面非常平滑、无各种标志的钻石晶体上。钻石也可具暗淡或无光泽的表面。

可能的话用铅笔画出素描图，这样可节省许多时间

譬如:

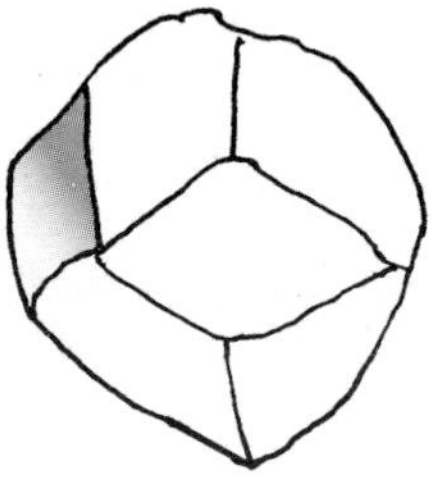

具圆化边棱的轻微变形的
菱形十二面体

三角薄片双晶（显示内凹角
和表面纹理的双晶）

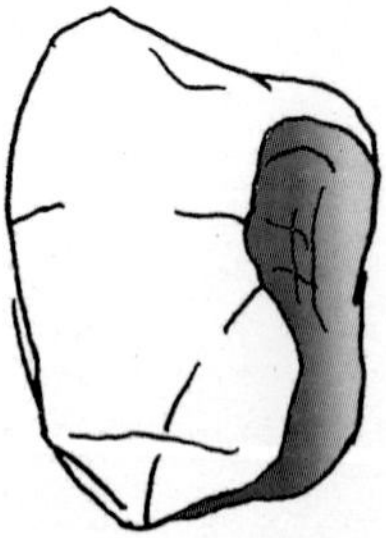

显示十二面体晶面特征
和弯曲边棱的劈开片（劈钻）

第六章 处 理

*处理*是人工改变和改善宝石材料外观和特性的过程。钻石的处理或是用于改变包裹体，或是用于优化或改变颜色。

所有的处理都必须申明

● 颜色处理

染料和其他表面涂层曾用于带色调的钻石，使其色级看上去优于被认定的真实体色。蓝色的染料和涂层抵消了钻石的黄色调。颜色涂层通常都是施于钻石的亭部，可以用丙酮擦拭掉，故清洗时要小心。

这些处理通常可用 10×放大镜检出：

(1) 表面的磨蚀将去除部分涂层，使颜色呈斑状。
(2) 随着时间，部分涂层开始从表面脱落。
(3) 涂层可使表面具稍粗糙的外观，其刻面光泽不像钻石未涂色那样亮。

● 辐照和热处理

用于钻石改色的大多数处理方法，例如辐照和热处理，需有实验室设备才能揭示其成因。然而，较老的辐照方法，如回旋加速器处理，则可用 10×放大镜检查出。这种处理方法现今已很少见。

回旋加速器处理的钻石可在钻石表面显示特征的暗色标志。从亭部辐照的钻石，当从台面观察时，可看到环绕底尖的形如张开的伞的标志。从冠部辐照的钻石可看到环绕腰棱的暗带。这种处理极少从侧面进行。

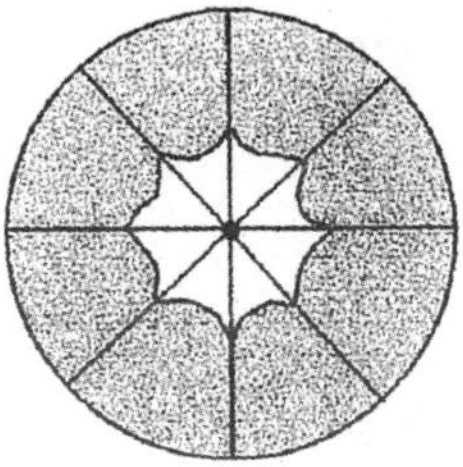

透过台面向下观察亭部时看到的形如张开的伞的现象

- **高压高温（HPHT）处理**

已存在了20多年的高压高温处理方法近来变得重要了。

原子结构中不含氮的钻石十分少见，如果无其他结构缺陷的话，它们应是无色的。然而，如果有塑性变形这种结构缺陷存在的话，可看到褐色钻石。

如果把这些褐色钻石在高压和高温条件下处理，塑性变形可被修复，钻石变成无色。

不足1%的世界钻石适合于这种处理。

由通用电气（GE）公司处理并由 Lazare Kaplin 销售的钻石在腰棱上刻有“Bellataire year-serial no”字样；早先的产品则是在腰棱上刻有“GE POL”字样。

这些经处理钻石的颜色为 D 到 G，显微镜下可显褐或灰色调。有些具少许朦胧的外观。高倍放大下可见内部纹理、部分愈合裂隙解理和形状独特的包裹体。

如果钻石结构中有氮存在，而这种钻石又拿来做高压高温处理的话，将产生自然界中很少见的浓黄绿色。这些钻石还可显示强绿色荧光。

包括 NovaTech 和 GE 公司在内的一些公司生产这样的彩色钻石。

如果出现疑问应向宝石检测实验室请教

● 钻石的激光打孔

钻石常通过激光打孔以减少暗色包裹体的直观影响。即用激光束穿过钻石打一个直径小于 0.02mm 的非常细的孔达到包裹体。然后用酸漂白包裹体。

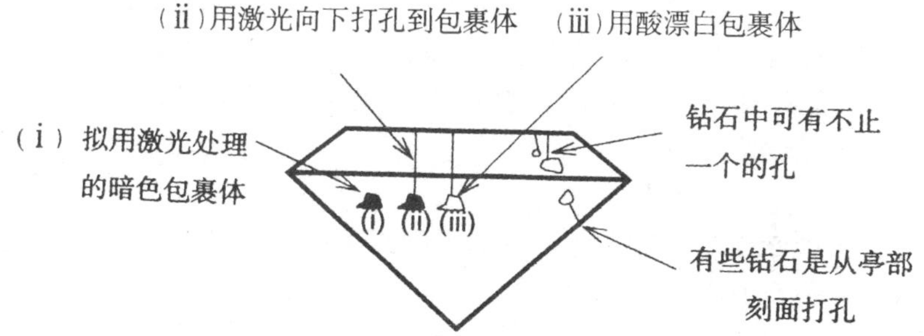

大多数激光孔是从冠部打的,但当包裹体靠近亭部刻面时,也有从亭部打孔的。用 10×放大镜从钻石侧面仔细检查可看出这些孔。但孔口可被镶座掩蔽，使之较难检出。

当观察激光孔时，最好是用自钻石表面反射的光来产生镜面效应。激光孔将显示为黑点，使刻面的表面反光出现间断。

这种处理是持久的而且不影响钻石的颜色。所以，经这种处理的钻石可进行净度和颜色分级。

激光孔被视为钻石中的包裹体。因此，尽管钻石的外观可以改善，但其净度级别没有改变或甚至变差。

● 天然钻石中的裂隙充填

钻石中通到表面的裂隙可用玻璃或环氧树脂充填，即便是小的钻石也可这样处理。所使用的玻璃具有与钻石相近的折射率，这样一来，裂隙就变得不那么明显，钻石的外观得到改善。这种处理不持久，会因受热(当修理首饰或重新切磨钻石时)、酸和超声波清洗而损伤。

充填物有时带黄色调，可影响钻石的颜色。通常很难看出充填物，但当对着刻面棱贴近观察裂隙时，充填物会产生很有特征的彩色闪光。通常在暗域照明时为黄橙到红紫色闪光，而在亮域照明时为蓝到绿色闪光。一般来说，这些闪光色从钻石亭部较易看到。这些闪光效应与见于裂隙和初始解理中的晕彩色是十分不同的。在玻璃充填物中可见到扁平的气泡，这是处理过程中被密封的空气。充填物可显示流动构造，在处理区还会出现碎裂结构。

由于这种处理是不持久的并掩盖了钻石中许多延伸至表面的裂隙，故裂隙充填钻石不能进行净度分级。

由于充填物可能影响钻石的色级，故这些钻石也不能进行颜色分级。

● 钻石的激光打孔加充填

激光打孔钻石的孔道可与裂隙充填一样用玻璃或环氧树脂充填，目的是防止灰尘进入。充填物也会充填任何及表面的裂隙，因而，闪光效应在激光孔和通到表面的裂隙中都可见到。当只充填激光孔时，因涉及的体积小，仅靠 10×放大镜难于检测充填物。可能要用更高的放大倍数来检测这两种处理。

这些钻石不能进行颜色或净度分级。

电子辐照的钻石（版权所有）戴比尔斯 DTC

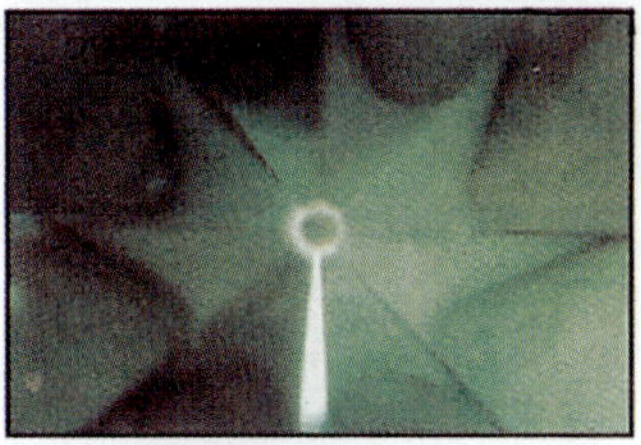

回旋加速器处理钻石的底尖处看到的伞状式样
（版权所有）GAGTL

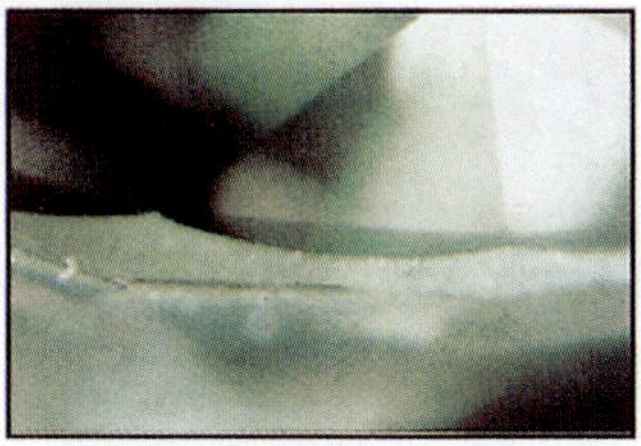

环绕回旋加速器处理钻石腰棱的暗带
（版权所有）GAGTL

反射光下看到的激光孔眼
（版权所有）GAGTL

从钻石亭部看到的激光孔眼
（版权所有）戴比尔斯 DTC

从亭部激光打孔
（版权所有）戴比尔斯 DTC

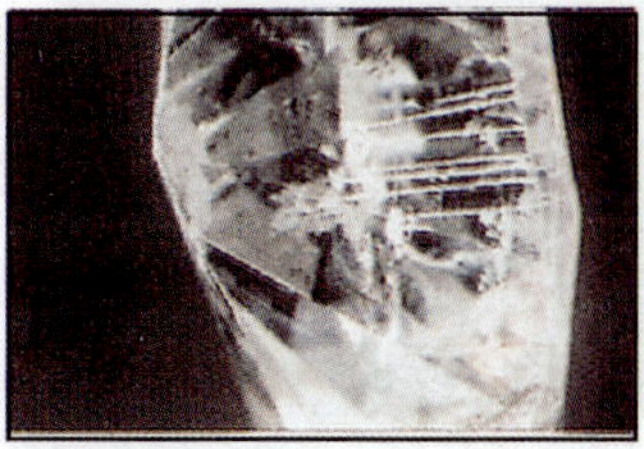

钻石可有不止一个激光孔
（版权所有）戴比尔斯 DTC

裂隙充填（版权所有）GAGTL

充填物中的气泡
（版权所有）戴比尔斯 DTC

裂隙充填钻石中看到的粉红色
闪光（版权所有）戴比尔斯 DTC

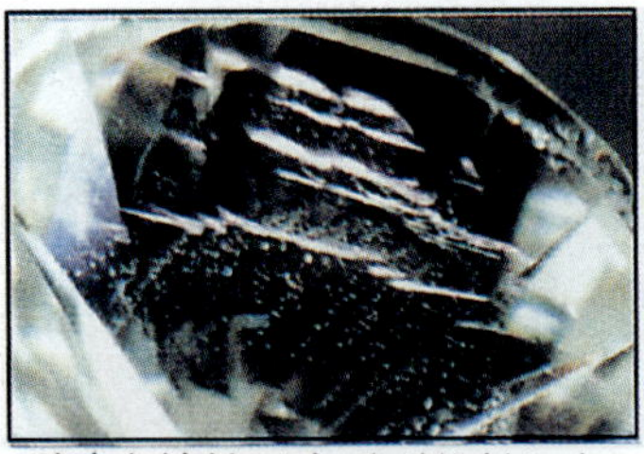

裂隙充填钻石中看到的粉红色
闪光（版权所有）戴比尔斯 DTC

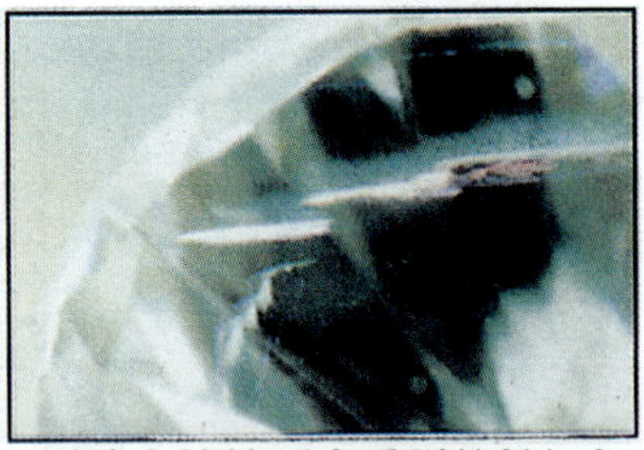

裂隙充填钻石中看到的粉红色
闪光（版权所有）戴比尔斯 DTC

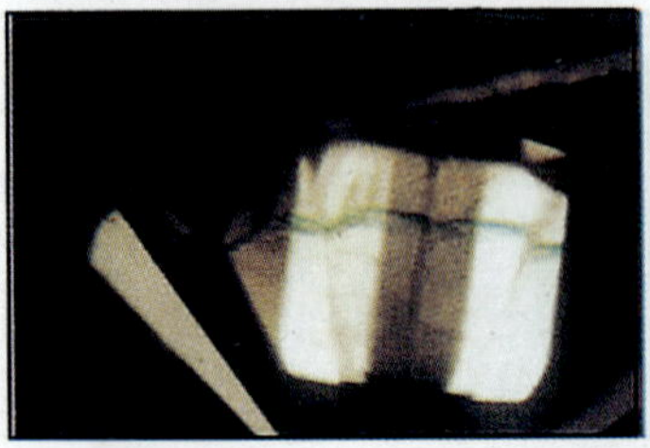

裂隙充填钻石中看到的绿色闪光
（版权所有）GAGTL

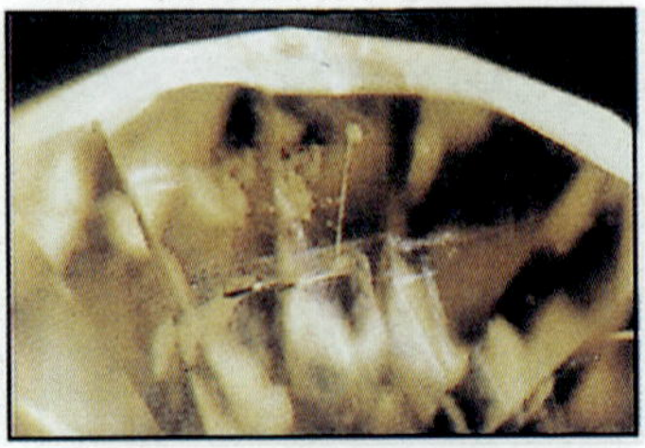

激光打孔和裂隙充填的钻石
（版权所有）GAGTL

第七章 仿制品

仿宝石材料（*仿制品*）是用于模仿其他宝石材料的效应、颜色和外观但不具有该宝石材料的化学和物理性质的天然或人工材料。

迄今在现代首饰业中最常用的钻石仿制品是立方氧化锆（CZ）。

用 10×放大镜仔细观察将为鉴别无色宝石提供许多线索。钻石的高折射率、高色散、高反射率以及极高的硬度都使成品钻石具有与众不同的外观。

● 硬度和磨损

钻石是已知天然材料中最硬的。所以，钻石的磨损标志要比仿制品少得多。硬度使切磨的精确度（即刻面棱的锐度）和完美的抛光能保持几个世纪。大多数仿制品在使用一段时间后将显示穿戴和磨损标志。即便仿制品是新的，其刻面棱也不会有钻石中所见的锐度。

钻石可因猛烈敲击而受损，导致腰棱上的“V”形缺口以及初始解理。钻石还可被其他钻石刻划。由于结晶过程中的内应力，环绕矿物包裹体也可出现初始解理。

沿成品锆石的刻面棱出现典型的小的像嘴啃过似的贝壳状断口，而刻面的中心则是非常光滑的。这是用 10×放大镜区分锆石和钻石的一个非常有效的观察标志，对尺寸很小的可能也适用。

● 腰棱

成品钻石的腰棱可有原晶面，这是抛磨后遗留的钻石晶体原始表面的一部分。CZ 的腰棱总是用钻砂研磨的，与钻石粗磨腰棱的外观不同。两者都具粗糙外观，但质量不同。CZ 的腰棱可显示研磨痕。

● 光学特征，火彩和切工

钻石的高反射率是其金刚光泽的原因之一。圆形明亮琢形钻石被切磨成具光学正确比例，以显示最佳的光泽、亮度和火彩（色散）效应。对于切磨完好的圆形明亮琢型钻石，一个简便的检测方法是把钻石台面朝下放在打印的点或线上。钻石由于全内反射将使其下方的图像不能透过，而仿制品则能让图像透过。这是区分仿制品的一个好方法，但只适用于切工好的圆形明亮琢型钻石（老式琢型不必尝试）。

并非所有的仿制品都显示这一效应；譬如钛酸锶、合成金红石和合成莫依桑石都有与钻石相似的或更高的折射率，也不能让图像透过。但是，所有上述三种仿制品的色散都高于钻石，钛酸锶和合成金红石中的火彩显著强于钻石。

注意：如果用偏光镜检查宝石是单折射还是双折射的，钻石应透过侧面检查。这是因为，一个切工好的圆形明亮琢型钻石，当台面朝下时，全内反射将阻挡任何光线透过。

● 双折射

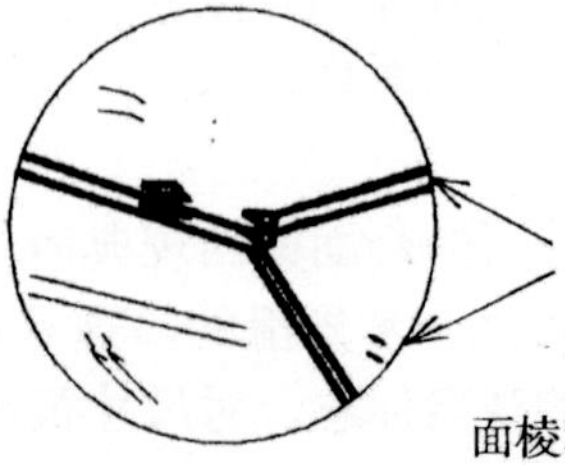

钻石是单折射材料。这就意味着，不论光从何方向进入钻石并折弯（折射），都始终保持为单一光线。锆石、合成莫依桑石和另外一些仿钻材料是双折射材料。这就意味着，当光进入宝石时不仅折弯而且分解为两条光线。在像锆石和合成莫依桑石这样的高双折射材料中，双折射可用10×放大镜检测出。透过宝石看另一侧，将看到刻面棱、灰尘或划痕的重影。

注意：在莫依桑石和锆石中，由于惯用的切磨方向，透过台面直接朝下看时可能看不到双折射，但透过冠部主刻面和其他刻面则通常容易看到。

● 紫外荧光

当置于紫外（UV）光下时，某些材料会发光:它们发出荧光。当把一个白色物品例如白纸放在检验纸币的灯下，或穿白色 T 恤衫活动在使用紫外灯的迪斯科舞厅时，可看到这种效应。当检查宝石的紫外光效应时，我们使用两个特定的波长:波长为 253.7nm 的短波（SW）和波长为 365.0nm 的长波（LW）。将待测材料放在紫外灯下并观察其荧光色。在第 92 页的表中列出了仿制品典型的荧光色。

这种测试对镶有若干无色宝石的首饰是很有用的。因为没有两颗钻石会发出完全相同的荧光。天然钻石荧光效应的典型变化是从惰性，即无反应，直到强蓝或黄色，且长波下的荧光强于短波下的。反之，在镶仿钻材料如合成尖晶石的首饰中，所有宝石将发出同样强度和颜色的荧光或完全不发荧光。

● 热导仪

热导仪是被设计主要用于将钻石与其仿制品区分开的一种小的便携式仪器。钻石的导热性高于除合成莫依桑石外的钻石仿制品。

热导仪的金属尖端含有一个用于与待测宝石表面相接触的微型加热元件。控制盒中的电流可检测出当接触钻石时金属尖端的温度显著下降。大多数其他宝石，不论是天然的或人造的，都检测不到同样的温度下降情况。所以，将热导仪标定以区分钻石和所有这些仿制品。小心不要让金属尖端与宝石的金属镶座相接触，因为金属镶座会给出与钻石相似的结果。还应使待测宝石处于室温，未因超声波清洗而变暖。应注意定期检查仪器的标度，还应在测试刚玉时检查标度，因为该矿物能给出骗人的读数。合成莫依桑石将在该仪器上给出与钻石同样的读数。

- **反射仪**

宝石的光泽可描述为金刚光泽、玻璃光泽或树脂光泽等。光泽在很大程度上取决于入射光从表面反射的程度。反射仪是一种用于检测表面反射能力的小的便携式仪器。该仪器用红外光发射二极管 (LED) 作为入射光源。检测和标定由宝石表面反射的光量以确定表面的相对反射能力。反射仪的主要用途是检测钻石和折射率高于标准宝石折射仪范围 (约 1.3—1.8) 的钻石仿制品。有些反射仪的测试下限较低,可用于检测其他宝石。

灰尘、油脂和表面瑕疵会影响宝石的光泽和反射力，故当使用反射仪时，一定要保证所测的宝石表面是平的、洁净的、无划痕的。反射仪既不能给出如折射仪那样精确的读数，也不能像折射仪那样提供大量的信息，但它能用于测试较宽折射率范围的宝石。

大多数钻石仿制品具有比钻石低的反射率，但合成莫依桑石是个例外，它的反射率通常高于钻石的。但合成莫依桑石经处理后可具有与钻石相同的折射率，故反射仪只能用作一种指示器。

不论何时都不要把疑是钻石的宝石放在标准折射仪上，因为这会损伤质软的玻璃棱镜，而且也不会有何帮助，钻石的折射率远超出这种折射仪的范围。

● 莫依桑石检测仪

由 C3 公司生产的 590 型检测仪利用了钻石和莫依桑石在光谱紫外区的不同特性，该仪器应与热导仪配合使用，只是当热导仪提供可能是钻石的正面结果时才使用莫依桑石检测仪。使用该仪器时应小心，有些宝石的亭部刻面漏光，以致没有足够可供测试的光返回仪器。

其他一些莫依桑石检测仪利用了莫依桑石的导电性；除含硼的蓝色钻石外，钻石不具这一特性。尽管并非所有莫依桑石都具同等的导电性，但大多数是可测出的。还发现那些测不到导电性的合成莫依桑石，如在测试过程中置于长波紫外光下，可诱发出导电性。要避免皮肤长时间裸露于长波紫外光下。

重要说明：不论何时都应首先使用 10 × 放大镜观察宝石，因为这能提供极多的信息。

钻石尖锐的刻面棱和粗磨腰棱
（版权所有）GAGTL

CZ 的圆化刻面棱和研磨的腰棱
（版权所有）GAGTL

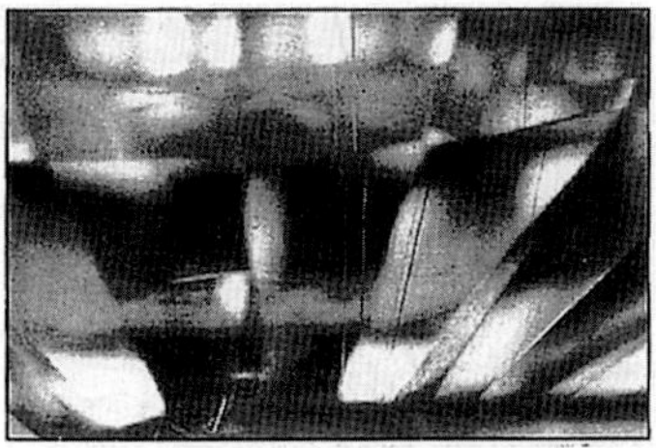

合成莫依桑石中典型的针状包裹体（版权所有）GAGTL

合成莫依桑石中典型的针状包裹体（版权所有）戴比尔斯 DTC

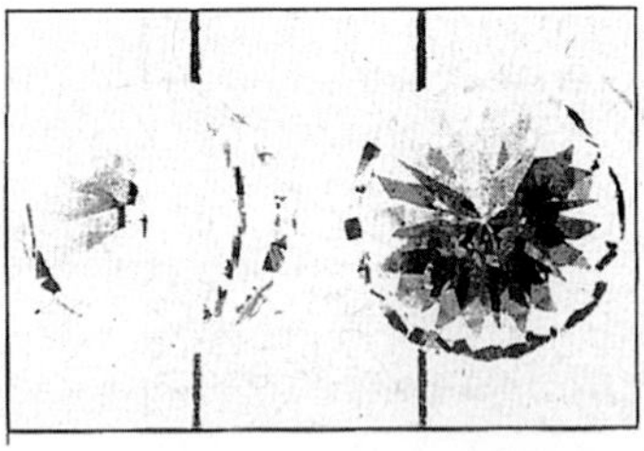

CZ（左）和钻石（右）看到的线透视情况（版权所有）戴比尔斯 DTC

透过钻石风筝面看到的单折射
（版权所有）GAGTL

透过合成莫依桑石台面看到的双折射（版权所有）GAGTL

透过合成莫依桑石风筝面看到的双折射（版权所有）GAGTL

钻石的强光泽和色散

（版权所有）GAGTL

莫依桑石的明亮光泽和高色散

（版权所有）GAGTL

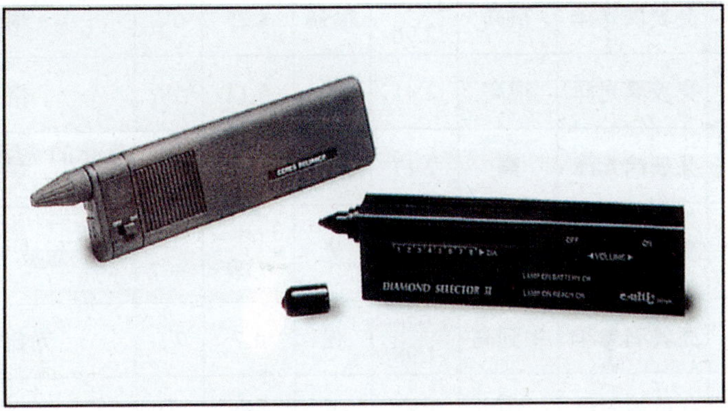

热导仪

（版权所有）英国，宝石仪器公司

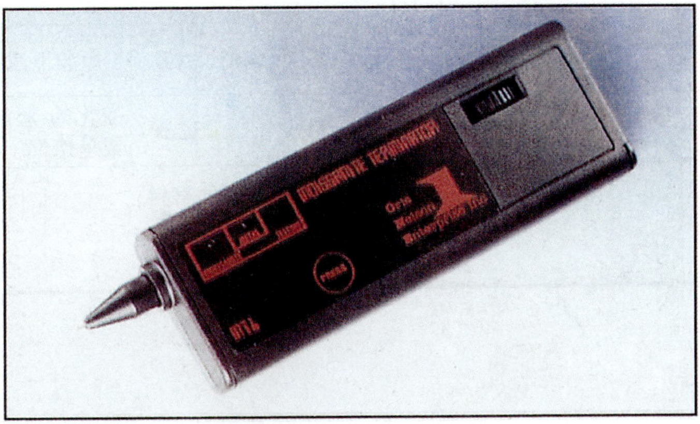

热导仪

（版权所有）英国，宝石仪器公司

常见钻石仿制品的比较

材料	光泽	色散	RI	DR	SG	硬度	紫外荧光
钻石	金刚光泽	高	2.42	无	3.52	10	变化的：由惰性到强蓝或黄色；长波下强
合成莫依桑石	亮玻璃光泽	很高	2.65—2.69	强	3.22	$9^1/_4$	变化的
合成金红石(少见)	亮玻璃光泽	很高	2.61—2.90	很强	4.25	$6^1/_2$	惰性
钛酸锶(少见)	亮玻璃光泽	很高	2.41	无	5.13	$5^1/_2$	惰性
立方氧化锆(CZ)	亮玻璃光泽	高	2.17	无	5.56—6.00	$8^1/_2$	变化的:短波下弱黄橙到黄绿
钆镓榴石(GGG)(少见)	亮玻璃光泽	高	1.97	无	7.00—7.09	$6^1/_2$—7	短波下橙色
锆石	亮玻璃光泽	中到高	1.92—1.98	强	4.7	$7^1/_2$	无到弱黄
钇铝榴石(YAG)	亮玻璃光泽	中	1.83	无	4.58	$8^1/_2$	无到弱橙
合成刚玉	亮玻璃光泽	低	1.76—1.77	微	4.00	9	无到弱
合成尖晶石	玻璃到亮玻璃光泽	低	1.727	无	3.63	8	短波下浅蓝绿白色
玻璃	玻璃到暗淡光泽	低到高	1.5—1.7	无	2.00—6.00	5	变化的:短波下可较强或呈惰性
拼合石(可以是各种材料)	性质取决于所使用的材料，10×放大镜下可见接合面						

第八章 合成品

*人造宝石材料*是生产出来的而非天然形成的材料。

*合成宝石材料*是那些拥有与天然无机矿物对应物相同成分和结构的人造材料。

合成钻石及其生产工艺并非新鲜事。1953 年 ASEA（Allmanna Svenska Elecktrika Aktiebolaget），一个瑞士工程公司，就已经在一种称为压力球体(sphere)的装置中成功地生产出了 40 粒小的钻石晶体。但这项成果直到 1955 年美国通用电气公司（GE）宣布已利用称为压带（belt）的装置成功地生产出第一粒合成钻石之时才公开。此后不久，在 1959 年，戴比尔斯公司掌握了生产合成钻石的复杂工艺。该工艺与 GE 所用的工艺非常相似，但后者被美国政府规定要保密。

20 世纪 60 年代初，戴比尔斯和 GE 公司都生产出了用于工业目的的合成钻砂。1997 年 GE 公布了他们生产平均直径达 6mm 的合成钻石晶体的结果。其产品不仅有黄-褐色的，还有含氮低的近无色的以及含硼的蓝色的钻石。

1985 年日本住友公司开始生产合成钻石并在 1993 年生产出了用于工业目的的高净度合成钻石。

更近一点的是 1990 年俄国人在新西伯利亚公布了他们利用一个“分裂球（split-sphere）”或称 BARS 系统生长合成钻石的成果。

所有这些方法都使用高压和高温（HPHT），都是不便宜的。因而，宝石级合成钻石迄今依然少见。不过，我们对过一段时间后将生产出成本合算的可供切磨的合成钻石要有所准备。

● 合成钻石的鉴别特征

包裹体——金属熔剂和粉尘或“面包渣”状包裹体。“砂漏状”或“马耳他十字”色带（在无色钻石中见不到）。

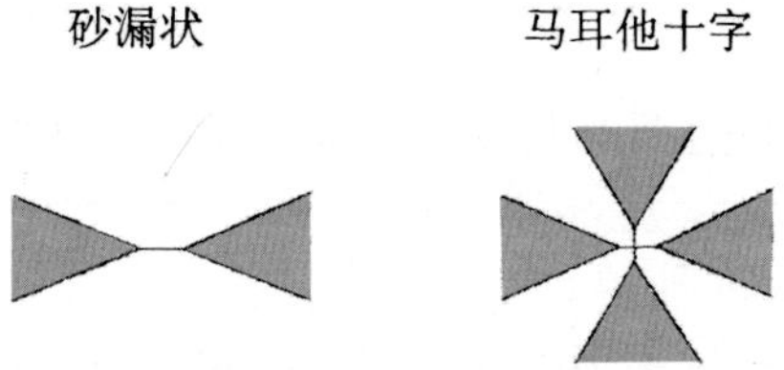

紫外荧光——与天然钻石不同，合成钻石对短波紫外光的反应强于对长波紫外光。可看出荧光样式。这些样式可能是独特的（见下文）。

磷光——短波紫外光照射后可看到，而天然钻石若是发磷光的话则是在长波紫外光照射后。

阴极发光——当用阴极射线照射时，合成钻石显示特征的立方-八面体发光样式。这些样式是由不同生长区和生长带之间杂质浓度的不同造成的。合成钻石中所见的样式与天然钻石的十分不同，在天然钻石中只见八面体样式。

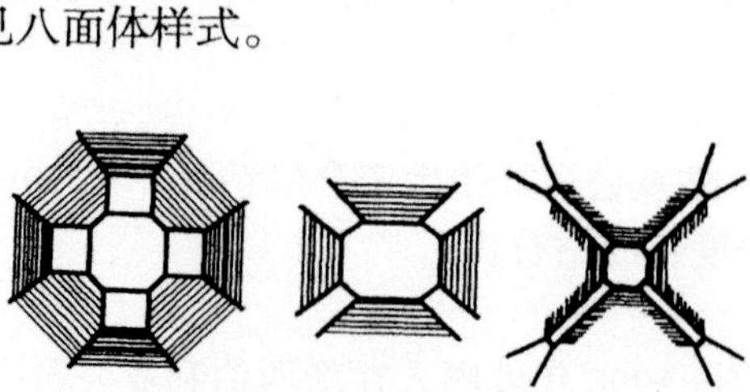

合成钻石典型的发光样式

光谱——大多数天然钻石已发现在可见光谱的 415nm 处有吸收带。合成钻石未曾发现有此吸收带。

晶体——合成钻石晶体的习性可十分不同。合成钻石大多以聚形如八面体和立方体聚形的方式生长，形成截切立方体或截切八面体。这些合成钻石的实际形状受控于合成过程的温度、压力和籽晶的取向。

聚　形

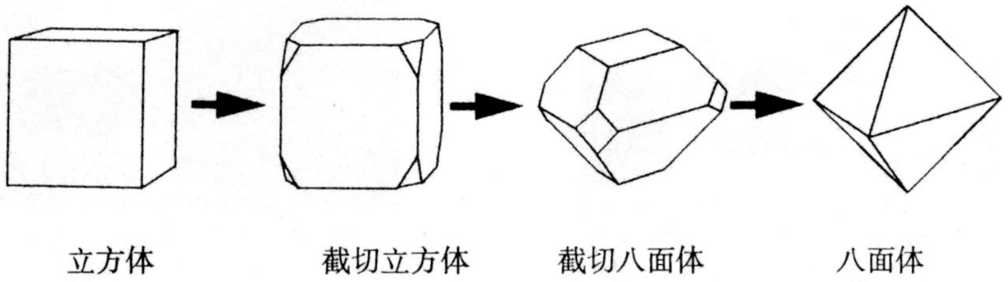

磁性——所有合成钻石中约有 50% 能被强磁铁吸引。这是由钻石生长过程中捕获的微细的金属熔剂包裹体造成。天然钻石中未见此特性。

仪器——戴比尔斯生产了两种有助于检测合成钻石的测试仪器:钻石光谱鉴定仪(DiamondSure)和钻石结构荧光鉴定仪(DiamondView)。

(1) 钻石光谱鉴定仪——用于检测大多数天然钻石中见到的 415nm 吸收线。如若发现有，钻石算通过了；如若没发现，需进一步测试。

(2) 钻石结构荧光鉴定仪——用于检测合成钻石显示的紫外荧光的立方-八面体样式。

各种各样的俄罗斯合成钻石
（版权所有）Petri Tuovinen FGA

合成钻石晶体的立方-八面体
习性（版权所有）戴比尔斯 DTC

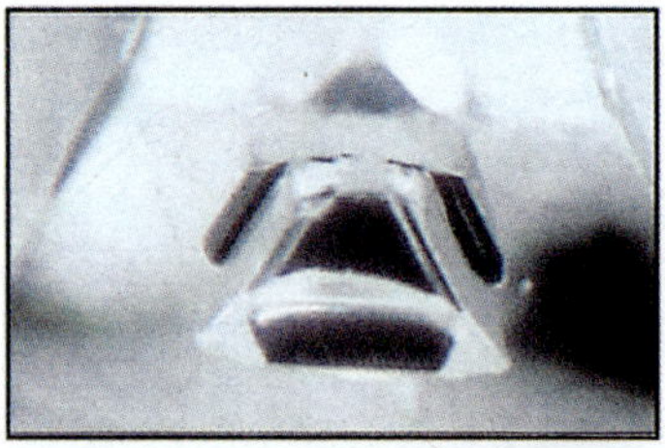

合成钻石中的金属包裹体
（版权所有）Petri Tuovinen FGA

合成钻石中的金属包裹体
（版权所有）GAGTL

合成钻石中看到的砂漏状色带
（版权所有）戴比尔斯 DTC

合成钻石中看到的发光式样
（版权所有）戴比尔斯 DTC

钻石光谱鉴定仪
（版权所有）戴比尔斯

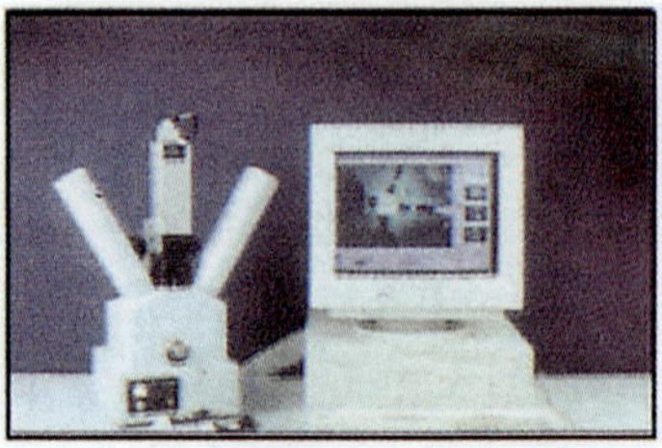

钻石结构荧光鉴定仪
（版权所有）戴比尔斯

第九章 证 书

如今越来越多的钻石是带钻石分级报告销售的。报告的目的是要确认：

(1) 该宝石是钻石；
(2) 钻石的重量(大多数钻石是按克拉重销售的)；
(3) 钻石的质量。

报告是对钻石质量的独立评价，它可用于钻石销售，也可用于保险。

一个会影响钻石外观但在报告中不可能充分反映的特征是钻石的切工。因为有各种切磨款式和比例可供选择，故最重要的是客户的偏爱。

每个客户必须对他认为什么是更重要的作出选择——是重量、颜色或是净度，并在适合自己的价格范围内作出权衡。

● 阅读钻石报告

一定要检查日期。如果报告不是新近的，那么钻石有可能在报告写成后崩口或损伤，从而影响钻石的价格。

确认报告是来自有声誉的实验室，譬如伦敦的宝石检测实验室(Gem Testing Laboratory)；这是在英国唯一得到 CIBJO 认可的实验室，它的成立可追溯到 1925 年。

除克拉重、颜色和净度外，还应列出以下要素：

(1) 尺寸——这对确认系同一钻石非常有用。

(2) 比例、对称性、抛光和腰棱厚度——这些信息会告诉你钻石切磨得如何。

(3) 紫外荧光——总的说来该性质不影响钻石的价格，然而某些销售商喜欢荧光，某些则不喜欢；当荧光很强时，综合考虑其他质量因素，钻石的价格会有小的调整。

LON 0086149

英国宝石检测实验室

伦敦钻石报告

克拉重: 1.02

色级: G 优白

净度级别: VS2

形状和切磨款式: 圆形明亮琢型

尺寸: 6.57—6.71 × 3.89mm

比例 : 高: 58.6 %

台面: 59 %

抛光: 很好

对称性: 好

腰棱: 很薄到薄,刻面

紫外荧光 无

说明:

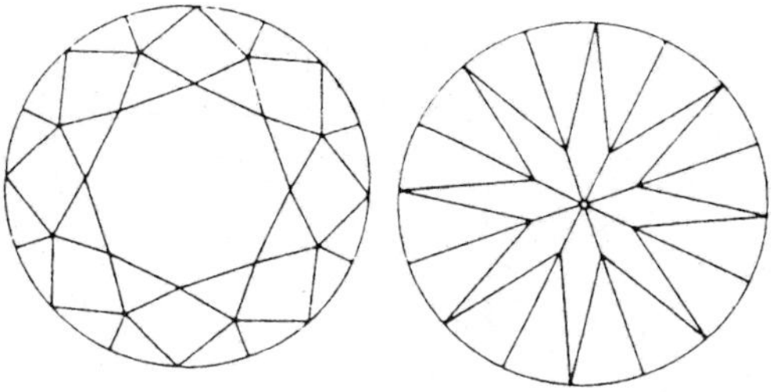

本报告不作与钻石货币价值有关的任何陈述。

只有带签名和钢印的原始报告才是有效的鉴定文件。

英国宝石检测实验室是 CIBJO 正式认可的设在英国的实验室

英国宝石检测实验室

GAGTL，27 Greville Street

London， EC1N 8SU， Great Britain

电话: +44 171 405 3351

传真: +44 171 831 9479

签名 ______________________

日期 ______________________

GB 010805

英国宝石检测实验室

由国际珠宝银器钻石珍珠和宝石联盟正式认可

CIBJO

钻 石 报 告

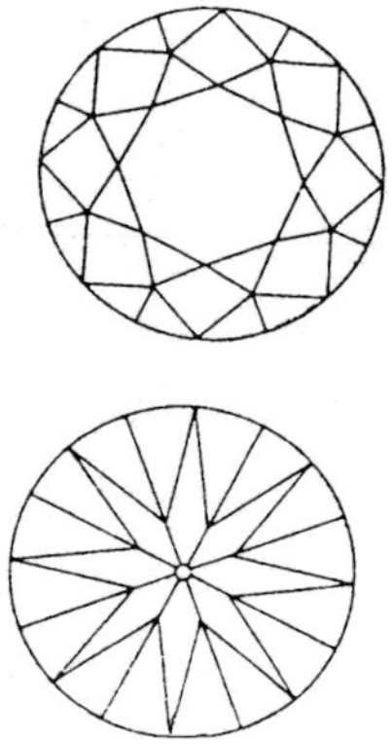

克拉重: 1.13

色级: H 白

净度 VS1

形状和琢型: 圆形明亮琢型

尺寸: 大致为 6.74—6.87 × 4.03mm

比例: 高: 59.2% 台面: 65 %

修饰: 对称性: 好

抛光: 好

腰棱: 很薄到中

紫外荧光: 无

说明: 内部特征

本钻石报告以 1978 年 CIBJO 决定的应用规则为依据，使用 10 × 消色差和球差放大镜进行分级并与 CIBJO 比色石进行颜色比较。

钻石由至少两位专家根据现代钻石分级领域的知识绝对客观地独立检测。

报告不作与钻石货币价值有关的任何陈述。

只有带钢印并有签名真迹的报告才是有效的鉴定文件。滥用本文件将被诉诸法律。

英国宝石检测实验室

日期_______________

签名_______________

____

英国宝石检测实验室，27 Greville Street，London，EC1N 8SU

第十章 保养及其注意事项

尽管钻石是已知最硬的材料，但它可轻易地被其他钻石刻划。由于这个原因，不论何时都有必要劝告顾客小心地放置钻石首饰，不要把它与其他钻石首饰放在同一首饰盒中。这不仅可避免损伤钻石，而且可避免损伤同一首饰盒中其他较软的宝石材料。

钻石尽管很硬，但不是很韧，受到重击会破裂。应劝告客户在从事任何可能导致损伤的活动如刷洗、运动或体力劳动前把首饰取下。

刷洗前把首饰取下的另一个原因是钻石有强亲油脂性。钻石的一个很不寻常的特性是斥水。若将一滴水滴在钻石表面，它将保持滴状，就像一滴水滴在蜡烛上一样。而亲油脂性就意味着油脂容易附着于钻石表面。

钻石会迅速地在表面粘着一层油脂，这使钻石变得暗淡。若顾客佩戴钻石时把它放在手膏之类化妆品上，这一过程将加速。

用软牙刷和柔和的洗涤剂清洗钻石可确保钻石尽可能地明亮。清洗后要把洗涤剂完全冲洗掉。清洗首饰时必须小心，一定不要将首饰在打开塞盖的水池里清洗。钻石首饰也可在超声波清洗器中清洗，但如看到有裂隙充填的标志则不能如此清洗；该方法也不适用于易损的镶法或密镶，因为它会使钻石松动。

应检查首饰以确信夹持钻石的镶爪或镶座未被磨平，钻石未松动。曾听说有钻石只靠油泥固定的情况，清洗会导致钻石从镶座脱落。

● 钻石首饰

当接受要修理或估价的钻石首饰时，有几件事要查看或考虑：

(1) 你面前的无色宝石是钻石吗？如没有把握则请别人协助判定。

(2) 钻石是否有缺口、解理或划痕？如发现有任何这类标志，应在收条上写明并告知用户。

(3) 任何有助于辨认该钻石的明显包裹体都应注明并向顾客指出。然而这不应是对钻石的否定，而只是认定确系同一钻石的一种途径。

(4) 如果钻石首饰是送来修理的，必须检查裂隙充填情况并提醒顾客，因为在修理过程中裂隙充填有可能带来麻烦。

(5) 对于镶多颗钻石的首饰，应注明钻石的数量和大致直径。对其中较大的几颗钻石还可有心地度量其尺寸，以便返还顾客时可认定确系同一钻石。只要有可能就应估计重量。

(6) 所有的注释和说明都应在顾客离开办公室前向他们指出，要留下顾客收据的复印件作为交易的记录。

第十一章 考试信息

● 钻石实践考试

钻石证书考试由两份试卷组成，每份的考试时间为 3 小时：
理论试卷（试卷 1）和实践试卷（试卷 2）

实践证书考试只有一份试卷；该试卷与钻石证书考试的实践试卷相同。

● 实践考试大纲

A 部分 13 颗裸石:每颗钻石都已在伦敦按 GIA 和 CIBJO 分级体系进行了分级。答案应按 GIA 体系或 CIBJO 体系给出。考试中每一时间只观察一颗钻石。A 部分测试鉴别钻石，颜色分级，净度分级，对称性、比例和腰棱条件的描述，处理的检测和仿制品的检测（不是鉴定）。

在 A 部分中会有一颗或一颗以上的宝石是经处理的钻石或钻石仿制品或拼合石。

对裂隙充填的钻石不要求颜色和净度分级。对激光打孔的钻石则颜色和净度分级均要求。

把一颗钻石说成是钻石仿制品或是把一颗钻石仿制品说成是钻石的考生均不能获得“优秀”成绩。

对于每颗裸石，颜色分级的最高分为 15 分，净度分级为 15 分，切工为 10 分，总分为 40 分。A 部分的满分为 520 分。

钻石的鉴别及钻石与仿制品的区分:只用 10×放大镜鉴别钻石。将钻石与仿制品区分开即可，不要求鉴定仿制品。

钻石处理的检测:检测为改善钻石中包裹体的外观而进行的激光打孔。检测人工充填的及表面裂隙（裂隙充填钻石）。

切工分级:用 10×放大镜和“弧度”法目估台面对称性和大致的台面直径百分比；用“三分之一直角”法目估冠角；用“比例”法目估亭深；“鱼眼”和“块状”这两种极端情况的判断。描述腰棱宽度和腰棱条件。

颜色分级:使用折叠的白色纸卡和分级灯，按照 CIBJO/GIA 色级体系评价钻石的色级，下限为 N 级（Tinted/N）。可使用比色石，但也可不使用。

净度分级:使用 10×放大镜、钻石镊子和分级灯，按照 CIBJO/GIA 净度分级体系评价钻石的净度等级。

B 部分 描述 5 颗钻石原石。不要求分级。

10×放大镜下观察:晶面和晶形，解理面和初始解理，包裹体，涂层，双晶的内部和外部证据。对质量、透明度和颜色的一般描述。

每颗钻石原石答案合乎要求时的最高得分为 16 分，B 部分的满分为 80 分。

- **大纲说明**

考试成绩等级

钻石证书理论/实践考试的通过等级包括 A/A、A/B、B/A 和 B/B。

理论和实践考试各等级的分数(%)为：

A：100—80；B：79—60（通过分）；C：59—45； D：44及以下

对于钻石证书考试，经考官审慎研究后可将优秀或奖励授予那些在同一次考试中在理论和实践两部分都获得成功的考生。参加钻石实践资格考试的考生将只获得通过或不通过（通过分为60%）。

只参加实践部分的考生或虽在同一考期中参加了理论和实践考试但只通过了实践考试的考生将得到钻石实践课程证明。证明获得者可在随后任何时候在学习理论课程后参加钻石证书理论考试；通过的考生除已有的证明外还将被授予钻石课程证书。

随后参加理论考试并获通过的证明获得者将得到钻石课程证书，但没有资格获得优秀或奖励。

在同一考期参加了理论和实践考试，理论考试通过而实践考试成绩为 C 的考生被认为是有望获得成功的。他们可在随后十二个月内补考实践部分以便有资格获得证书。而在这个时间之后，考生要获得证书就必须补考理论和实践两部分。

在同一考期参加了理论和实践考试而实践考试成绩为 D 的考生被认为是完全失败，故不论考试成绩等级组合如何，都必须补考理论和实践两个部分。

任何希望获得优秀或奖励的考生都必须在同一考期内参加理论和实践两部分的考试。

所有考生都必须在考试申请表上所规定的日期前将填好的申请表返还英国宝石协会。

请注意：晚于该日期的申请将不被接受

实践考试试卷和答题本

钻石课程考试
实践考试——钻石分级

考试时间：3 小时

考生的考号必须贴在答题本的封面上

每次只能拿一颗标本

每个问题的答案都必须书写在认可的答题本上

请用钢笔书写

用铅笔画图

所有问题都应设法回答

实践考试的总分为:

部分	总分
A	520
B	80

对实践考试两个部分的说明

A. 给出 A 部分所有宝石的切磨款式的名称。

A 部分的宝石中会有一个或一个以上是经处理的钻石或钻石仿制品。

对编号 A1 到 A13 的小包内的宝石根据其颜色、净度、对称性、比例和腰棱条件进行分级。

要求对激光打孔的钻石进行颜色和净度分级，所有其他的处理钻石和钻石仿制品则不要进行颜色或净度分级。

对钻石仿制品不要求进行切工分级。

B. 对编号 B1 到 B5 的小包内的钻石原石给出所要求的信息。

…………………………………………………………………………………

标本检验清单

每完成一颗标本检验后，划掉其号码并向考官出示清单。

A	**1**	**6**	**11**		**B**	**1**
	2	**7**	**12**			**2**
	3	**8**	**13**			**3**
	4	**9**				**4**
	5	**10**				**5**

A 部分的试题:颜色、净度和切工

标本号:1

切磨款式:____

如果标本是仿制品，在框内打勾 ☐ 并进行下一颗标本检测

如果标本是钻石，圈出下列有关各项

如果标本是钻石，它经过处理了吗: **是/不是**

如果钻石经过处理，说明处理的类型和证据

____

____

裂隙充填的钻石不进行净度或颜色分级

颜色:

EW+	EW	RW+	RW	W	STW	STW	TW	TW	TINTED
D	E	F	G	H	I	J	K	L	M-Z

净度:

LC	VVS1	VVS2	VS1	VS2	SI1	SI2	P1	P2	P3
FL-IF	VVS1	VVS2	VS1	VS2	SI1	SI2	I1	I2	I3

切工:

对称性

很好　好　尚可　差

不圆	是/不是
台面偏心	是/不是
底尖偏心	是/不是
波状腰棱	是/不是

腰棱厚度

极薄　很薄　薄　中等　稍厚　厚　很厚　极厚

腰棱条件

粗磨的　刻面的　抛光的

比例:____

说明:____

B 部分的试题:原石

标本号: B1

描述和说明:________________________________

____

____

____

颜色:________________________________

质量:________________________________

____

标本号: B2

描述和说明:________________________________

____

____

____

颜色:________________________________

质量:________________________________

____

- **A 部分答题举例**

切磨款式: 蛋形明亮琢型

如果标本是仿制品，在框内打勾 □ 并进入下一颗标本

如果标本是钻石，圈出下列有关各项

如果标本是钻石，它经过处理了吗: **是/~~不是~~**

如果钻石经过处理，说明处理的类型和证据

激光处理的钻石，可见激光孔从台面进入。

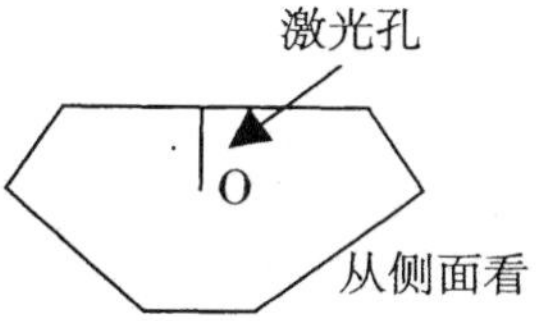

裂隙充填的钻石不进行净度或颜色分级

颜色:

EW+	EW	RW+	RW	W	STW	STW	TW	TW	TINTED
D	E	F	G	H	I	J	K	L	M-Z

净度:

LC	VVS1	VVS2	VS1	VS2	SI1	SI2	P1	P2	P3
FL-IF	VVS1	VVS2	VS1	VS2	SI1	SI2	I1	I2	I3

切工:

对称性

很好 好 尚可 差

不圆	是/~~不是~~
台面偏心	是/~~不是~~
底尖偏心	是/~~不是~~
波状腰棱	是/~~不是~~

腰棱厚度

极薄 很薄 薄 中等 稍厚 厚 很厚 极厚

腰棱条件

粗磨的 刻面的 抛光的

比例: 小的台面，高的冠部，浅的亭部。

说明: 暗淡，亮度差，明显的“蝶结”效应。

切磨款式: 圆形明亮琢型

如果标本是仿制品，在框内打勾 ☐ 并进入下一颗标本

如果标本是钻石，圈出下列有关各项

如果标本是钻石，它经过处理了吗: ~~是~~/不是

如果钻石经过处理，说明处理的类型和证据

____

____

____

裂隙充填的钻石不进行净度或颜色分级

颜色:

EW+	EW	RW+	RW	W	(STW)	STW	TW	TW	TINTED
D	E	F	G	H	(I)	J	K	L	M-Z

净度:

LC	VVS1	(VVS2)	VS1	VS2	SI1	SI2	P1	P2	P3
FL-IF	VVS1	(VVS2)	VS1	VS2	SI1	SI2	I1	I2	I3

切工:

对称性

很好 (好) 尚可 差

不圆	~~是~~/不是
台面偏心	是/~~不是~~
底尖偏心	是/~~不是~~
波状腰棱	~~是~~/不是

腰棱厚度

极薄 (很薄) 薄 中等 稍厚 (厚) 很厚 极厚

腰棱条件

(粗磨的) 刻面的 抛光的

比例: 亭部稍深，其他比例看来合适。

说明: ______________________________

• B部分答题举例

钻石实践考试这一部分的回答应包含以下相关特征：

1. **描述和说明**:

例如晶形、双晶、条纹、三角凹痕、光泽和表面状态(油状、玻璃状、暗淡无光、雾状)、解理。用铅笔标注的示意图某些情况下也有帮助。

2. **颜色**:

一般性描述，如无色、近无色、稍带色调、带色调、黄色、褐色、灰色。

3. **质量**:

例如包裹体的大小、数量、位置和颜色。

标本号：标本 B1

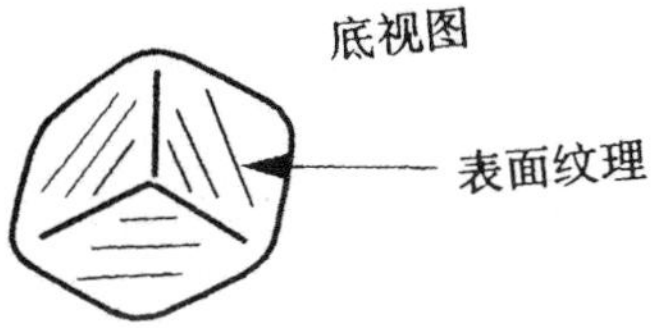

描述和说明: 具弯曲晶面的扁平变形十二面体。表面有纹理线，这使钻石内部难以看清。需要抛磨出一个窗口以较好地看到内部。

颜色: 带黄褐色调。

质量: 近表面有些小的特征，但因有大量的表面纹理，难于肯定钻石的质量。

标本号：标本 B2

不在中心的暗色包裹体

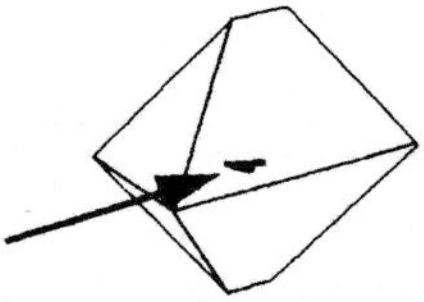

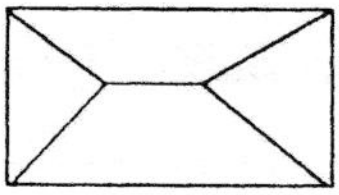

底视图

描述和说明: 具平滑玻璃状晶面的变形八面体。晶面上没有明显的表面标志，但沿晶棱有浅的条纹，尖端也有一些磨损。该钻石若切磨成异形，其产出率将比磨成圆形明亮琢型高，也可切磨成两颗。

颜色: 稍带黄色调

质量: 洁净度一般，但包裹体不在中心；宝石级。

补 充 信 息

以下所列参考书和用品将有助于你学习钻石实践课程。对于会员将有优惠。讯价请与宝石仪器公司（Gemmological Instrument Ltd）联系，电话号码是 44-(0)20-7407 3334。

需用的仪器

- 宝石镊子
- 10×放大镜
- 擦钻石布

推荐的参考书

- *The Diamond Ring Buying Guide* by Newman；(BKSOO97)
  International Jewelry Publication 1996
  关于钻石分级的一本写得很透彻的循序渐进的指南

- *Diamond Grading ABC* by V.Pagel-Theisen;(BKS0030)
  Rubin & Son , New York 1993(11th Edn)
  钻石分级的实践手册

- *Photo Masters for Diamond Grading* by Roskin;(BKS0128)
  Gemworld Int. 1994
  钻石分级特征的彩色照片集

学生用的标本

- 成套钻石晶体

- 成套钻石仿制品